Bruno P. Kremer

ESSBARE & GIFTIGE WILDPFLANZEN

ÜBER 200 KRÄUTER, BEEREN, NÜSSE

Inhalt

Zu Gast bei der Natur

In jedem Supermarkt können Sie sich wie selbstverständlich mit einer Pflanzenpalette von Avocado bis Zucchini eindecken. Früchte, Blatt-, Stängel- und Wurzelgemüse sind in reicher Fülle überall im Angebot. Damit sind im Prinzip alle geschmacklichen Vorlieben zu bedienen.

Aber: Schmecken Treibhaustomaten nach Tomate? Ist der grüne Salat aus Massenkultur wirklich knackig und lecker? Und wie bedenkenlos sind Anbau und Konsum gentechnisch veränderter Nutzpflanzen eigentlich? So gibt es immer mehr Menschen, die sich auf die Ursprünge des Gemüses besinnen und nach alten oder ursprünglichen Sorten suchen.

Gourmets auf neuen Wegen

Auf der anderen Seite hält die heimische Natur mancherlei kostenlose Überraschung bereit. Ein Bär-Lauch-Pesto, ein Rapunzel-Salat oder eine Hagebutten-Marmelade mögen noch zum üblichen kulinarischen Erfahrungsgut gehören. Aber kennen Sie schon Holunder-Küchlein, Giersch-Omelette, Taubnessel-Quiche, Weidenröschen-Gemüse oder Kerbel-Melden-Suppe?

Wie Sie diese und andere Köstlichkeiten aus der heimischen Flora auf Ihren Tisch zaubern und genießen können, verraten Ihnen die folgenden Seiten. Wer ein wenig grüne Kreativität aktiviert, kann die Rezepte nicht

Wildkräutergenuss ganz einfach und ohne Küchenbrimborium!

nur einfach nachkochen, sondern natürlich auch abwandeln und das eigene Sammelgut in neuen Kombinationen erproben. Die Ergebnisse sind oft angenehm überraschend. Hinzu kommt, dass die in der Natur gesammelten Kräuter, Blätter, Stängel, Blüten oder Früchte im Allgemeinen nicht mit Spritzmitteln behandelt wurden und Ihnen noch wirklich ein Stück Ursprünglichkeit bieten.

Reiche Ernte: Da lacht das Sammlerherz.

Die Besten aus der grünen Liga

Die weit über 100 Arten in diesem Buch sind überwiegend solche, die wild in der heimischen Natur vorkommen – als kräftige Farbtupfer auf Wiesen wie Gänseblümchen und Löwenzahn, als grüne Bodenschätze im Wald wie Bär-Lauch oder Heidelbeere sowie einfach als Eckensteher an allen Wegen wie Giersch oder Wegerich. Manche Arten sind seit Jahrtausenden Kulturfolger des Menschen und wachsen überall dort, wo er Feldfrüchte anbaut. Andere gelangten erst als Gartenflüchtlinge in die heimische Flora. Schließlich zählen wir zur hier vorgenommenen Auswahl auch einige wichtige Bekannte aus den Urlaubsgebieten am Mittelmeer, die bei uns in den Gärten gedeihen und so populär sind, dass sie gleichsam zum heimischen Bestand dazugehören.

Mitten in der Natur

Diese Besten aus der grünen Liga kennen und schätzen zu lernen, bringt auch Großstadtmenschen wieder ein Stück der Natur näher. Die am Wochenende wiederentdeckte Liebe zur Natur kann nach einem langen Spaziergang durchaus durch den Magen gehen. Das kann ein Stück neue und ungewohnte Lebensqualität bedeuten: Wenn Sie sich um die Pflanzen für Ihr nächstes, nicht ganz so alltägliches Menü aktiv bemühen, geeignete Arten suchen und aussuchen, sie ertasten und fühlen, beschnuppern und sorgsam nach Hause tragen, haben Sie nicht nur einen wundervollen Tag in der Natur zugebracht, sondern viele bereichernde Erfahrungen gewonnen. Die Natur erleben Sie damit in neuer Wertschätzung. Wer jahrelang die reifen Früchte einer Schlehenhecke gesammelt hat, wird sicherlich nicht kritiklos zusehen, wenn ein Bulldozer sie einfach über den Haufen schiebt, weil wieder ein neuer Bauplatz benötigt wird.

Die beste Zeit

Für einen Kräuterspaziergang ziehen Sie am besten an einem sonnigen Tag im April oder Mai los. Gut sind die Vormittagsstunden, dann sind die Kräuter noch frisch und knackig.
Die erfolgversprechendsten Monate für eine Wildfrüchtetour sind Juli, August und September. Eine Übersicht zeigt der Sammelkalender auf der hinteren Umschlaginnenseite.

Richtig sammeln

Die Natur zu kennen und ihre Vielfalt bewundern, einschätzen und bewerten zu können, ist wichtig für Ihre Sammeltouren. Deshalb legen wir mit diesem praxisorientierten Buch eine kleine Trainingsstrecke mit intensiver Kompetenzschulung ein.

Mal etwas anderes im Kochtopf: Weißdornfrüchte.

Auf Nummer sicher gehen

Bevor ein pflanzliches Mitbringsel aus Wald und Flur in Ihren Magen wandert, muss seine Eignung zweifelsfrei feststehen. Der oberste Grundsatz der Selbstversorgung aus der Natur lautet daher: **Arten immer zuerst sicher bestimmen – und nur dann verwenden.** Wer die giftigen Maiglöckchenblätter für aromatischen Bär-Lauch hält und diese unbekümmert in den Salat schnippelt, hat anschließend ein Problem. Die Merkmale im nachfolgenden Artenteil bieten zusammen mit den Fotos die nötige Klarheit. Verwenden Sie also grundsätzlich nur solche Pflanzenarten, die Sie absolut sicher (er-)kennen bzw. die in allen wesentlichen Merkmalen den jeweiligen Artbeschreibungen entsprechen.

Pflanzen kennenlernen

Bei Unsicherheiten ist es fraglos besser, die betreffende Pflanze nicht zu sammeln. Übrigens: Wenn ein bestimmter Pflanzenteil als ausdrücklich essbar benannt ist, gilt das nicht notwendigerweise auch für alle anderen Teile. Fallweise mag es auch ratsam sein, die Pflanzen erst im Jahreslauf genauer zu beobachten und etwa ihre Rosettenblätter, Blütenstände und Früchte kennenzulernen. So entsteht nach und nach ein wertvoller Wissensschatz, und Sie finden darüber hinaus schon frühzeitig die besten Sammelstellen.

Die 10 goldenen Sammelregeln

1 Unternehmen Sie Ihre Ernte- und Sammelausflüge an trockenen Tagen. Ideal für aromatische Kräuter ist der späte Vormittag, wenn der Tau gerade verdampft ist. Quietschnass eingebrachtes Sammelgut verdirbt (auch durch Schimmelbildung!) sehr leicht.

2 Achten Sie schon beim Sammeln darauf, dass Sie das Erntegut nach Arten getrennt sortieren und dass sich darunter keine unerkannten anderen Arten befinden.

3 Transportieren Sie das frische Sammelgut in offenen, luftigen Behältern wie Körben oder Schalen, nicht in Plastiktüten. Eine Kompromisslösung wären Papiertüten und Stofftaschen. Handschuhe und Schneidewerkzeug werden Ihnen gute Dienste leisten.

4 Sammeln Sie nicht entlang stark befahrener Straßen oder Schienenwege – einmal aus Sicherheitsgründen, dann aber auch wegen der wahrscheinlichen Schadstoffbelastung der Kräuter und Beeren.

5 Suchen Sie nur gesunde, gut aussehende Beeren, Nüsse, Blätter und Sprosse aus, die erkennbar nicht von Pilzen oder anderen Parasiten befallen bzw. anderweitig in Mitleidenschaft gezogen sind. Checken Sie bereits draußen, ob sich an den ausgesuchten Exemplaren Insektenlarven oder Schnecken aufhalten. Diese schon direkt vor Ort abschütteln.

6 Der Genuss von Wildbeeren oder anderen Pflanzenteilen birgt die Gefahr, sich mit den Eiern des Fuchsbandwurms zu infizieren. Informieren Sie sich bei den Forstdienststellen zuvor über die Befallsituation in Ihrer Gegend. Sammelgut sollten Sie vor der Verwendung gründlich waschen, damit wird das Risiko reduziert. Erhitzen ist die wirksamste Vorbeugung, denn die Eier überstehen Temperaturen oberhalb 60 °C nicht.

7 Sammeln Sie keine Pflanzen oder deren Teile (Blüten, Früchte) in Naturschutzgebieten, auch wenn es sich um (vermeintlich) häufige Arten handelt.

8 Entnehmen Sie am Standort bitte nur überschaubare Mengen für den sofortigen Verbrauch und lassen Sie immer einige Pflanzen der geernteten Art stehen. So haben Sie auch im nächsten Jahr noch etwas davon.

9 Ernten Sie bitte verwendbare Teile eines Exemplars nicht restlos ab. Beim Bär-Lauch entnimmt man von einer Pflanze immer nur ein Blatt (sie hat nur zwei ...).

10 Bitte ernten Sie mit Rücksicht auf die umgebende Pflanzen- und Tierwelt.

Achtung! Giftig!

Die Natur hält auch unangenehme Überraschungen bereit: Verführerisch aussehende giftige Beeren sehen teilweise den essbaren recht ähnlich – also Vorsicht!

Lockfarben

Viele unserer giftigen Wildfrüchte leuchten in den schönsten Rottönen – mit gutem Grund: Viele Vögel vertragen im Gegensatz zu uns diese Früchte ausgezeichnet und sollen angelockt werden, um zu deren Ausbreitung beizutragen.

Hier hilft nur eingehende Aufklärung: Aus diesem Grund werden in diesem Buch die wichtigsten giftigen Wildbeeren ebenso ausführlich porträtiert wie die essbaren. Sie finden sie im Artenteil immer im Anschluss an die gleichfarbigen essbaren Früchte.

Achten Sie vor allem bei Ihren Kindern darauf, dass diese niemals allein ernten gehen, und warnen Sie sie auch davor, bekannte Arten zu probieren. Zu schnell kann im Ernteeifer etwas verwechselt werden.

Im Fall des Falles

Für Notfälle gibt es einen telefonischen Giftnotruf (siehe Kasten), wo man sich erste Informationen holen kann, wenn man Art und Menge der verzehrten Früchte zu benennen weiß. Die ersten Anzeichen einer Vergiftung können sich ganz unterschiedlich äußern: Bewusstseinseintrübung, Übelkeit, Erbrechen, Bauchschmerzen, Durchfall, Atem- und Kreislaufbeschwerden, Schwindel, Schweißausbrüche, Krämpfe – dies sind nur die wichtigsten.

Ein solch wilde Mixtur ist beliebt bei Kindern – leider oft auch gefährlich!

Giftnotruf

Die meisten Städte haben Giftnotrufe, die unter **Telefon 1 92 40** Tag und Nacht erreichbar sind (immer mit Stadt-Vorwahl). Zusätzlich gibt es fast in jedem Klinikum einen Giftnotruf. Diese Nummern stehen im Telefonbuch auf den ersten Seiten.

Bei den ersten Anzeichen einer Vergiftung muss sofort ein Arzt zu Rate gezogen werden!

Basisrezepte

Wildpflanzen aus der Natur sind knackig frisch und enthalten Massen von Vitalstoffen und Aromen, die gut tun und im Vergleich zum gekauften Gemüse ungeahnte Genüsse bereithalten. Bevor jedoch die einzelnen Leckereien und auch die verbotenen Früchte auf den Folgeseiten vorgestellt werden, halten wir uns schon einmal ein wenig in der Küche auf. Die folgenden Basisrezepte bieten eine erste Orientierung für die Zubereitung.

Wildkräutersalate

Für den Rohverzehr vorgesehene Pflanzen(-teile) sollten Sie immer gründlich waschen. Pflanzen aus Gewässern ein paar Stunden in Essig- oder Salzwasser legen und anschließend intensiv abspülen. Bätter für Salate, falls erforderlich, zerkleinern.

Den leicht scharfen Geschmack mancher Arten können Sie mit Crème fraîche oder Joghurt mildern, aber auch durch Zugabe von gekochten Kartoffelstückchen, klein geschnittenen Äpfeln, ein paar gerösteten Nusskernen oder konventionellem Gartensalat.

Rezept

Vinaigrette für Wildkräuter

4 EL Olivenöl, 2 EL Zitronensaft, 1 TL flüssiger Honig, etwas Salz und Pfeffer gut verrühren.

Oder 4 EL Walnussöl, 1 EL Apfel- oder Weinessig, 1 EL Apfelsaft, 1 TL Honig und etwas Salz und Pfeffer vermischen.

Schmeckt garantiert nicht wässrig: Ein feiner Wildkräutersalat.

Wildkräutersuppen

Die einfachste Lösung ist eine klare Suppe auf Basis einer Instantbrühe, die man mit Kräutern oder Wildgemüse aufpeppt. Etwas feiner ist natürlich eine selbst hergestellte Brühe. Je Portion benötigen Sie etwa 50–75 g Wildkräuter. Die Suppenbasis nach Anleitung auf der Packung zubereiten. Die Wildkräuter fein schneiden oder wiegen und erst kurz vor dem Servieren in die Suppe geben.

Mit fast allen Wildkrautarten und Pflanzenteilen können Sie neben klaren auch gebundene Suppen zubereiten oder solche verfeinern. Typische Bindemittel sind neben der klassischen Mehlschwitze auch zerstampfte Kartoffeln, Haferflocken oder püriertes Gemüse. Aromaempfindliche Blätter oder Sprossspitzen erst kurz vor dem Servieren zugeben. Als Suppeneinlage können Sie die Wildkräuter auch in Form von Kräuterklößchen, -spätzle oder -flädle (Pfannkuchen) vorsehen. Ein empfehlenswertes Neuner-Potpourri ist die gemeinsame Verwendung von Gänseblümchen, Brennnessel, Knopfkraut, Vogel-Miere, Sauerampfer, Sauerklee, Giersch, Wiesen-Kerbel und Wiesen-Knöterich.

Das kann jedes Kind: Wildkräuter mit dem Wiegemesser fein schneiden.

Grundrezept

Gebundene Kräutersuppe

Zutaten für 2 Personen:
1 EL Mehl
1 EL Butter
½ l Gemüsebrühe
etwa 50 g Kräuter, fein geschnitten
100 ml Sahne
etwas Zitronensaft
Salz, Pfeffer, Muskat

Die Butter im Topf schmelzen lassen, das Mehl darin anrösten, dann unter Rühren mit dem Schneebesen die Brühe angießen und aufkochen lassen. Sahne und Kräuter zugeben und mit Zitronensaft und den Gewürzen abschmecken. Nach Geschmack pürieren oder „kräuterstückig" lassen.

Wildgemüse

Früher verstand man unter Wildspinat eine aus geeigneten Wildpflanzen zubereitete Gemüsebeilage nach Art des klassischen Gartenspinats – eventuell völlig zerkocht und als grüner Brei si-

Grundrezept

Wildgemüse

Je Person benötigt man etwa 120–150 g geeignete Wildkräuter. In kochendem Wasser blanchieren, dann abgießen und auffangen. Kräuter ausdrücken und eventuell etwas zerkleinern. Dann mit Pfeffer, Salz, Muskat, gekörnter Brühe oder beliebigen weiteren Zutaten nach Geschmack würzen und nochmals in wenig Blanchierwasser köcheln lassen.

Feines Kräuteröl

Auf 1 l hochwertiges Speiseöl (zum Beispiel Olivenöl) eine gute Handvoll getrockneter Kräuter geben. Flasche gut verschließen und gelegentlich leicht schütteln. Nach 3 Wochen die Kräuter wieder entfernen.

cherlich kein schöner Anblick. Es geht aber auch anders: Die ausgewählten Pflanzenteile dünstet man in etwas Öl im geschlossenen Topf – das konserviert gleichermaßen Geschmacksstoffe und Vitamine. Für die ersten kulinarischen Erkundungen mit Wildgemüse verwenden Sie die ausgewählten Arten zunächst am besten nur einmal als Beigabe zu üblichem Gartengemüse, beispielsweise Vogel-Miere, Taubnessel, Brennnessel, Giersch oder Löwenzahn zu Möhren, Kartoffeln, Kohl oder Mangold. Sollte Ihnen der Geschmack dennoch etwas zu streng sein, können Sie diesen mit Joghurt oder Zwiebeln abmildern.

Da selbst der Küchenklassiker Spinat über sein Einsatzgebiet Breigemüse hinweg ist, können Sie ebenso Wildkräuter alternativ zur üblichen Beilage in Aufläufen, Pfannkuchen, Quiches, Omelettes oder Pastataschen versuchen.

Wildkräuteröl

Das besondere Aroma vieler Wildkräuter wie Dost, Salbei oder Senf kann man relativ einfach in Speiseöl (Oliven-, Sonnenblumen- oder Keimöl) konservieren. Kräuteröle sind nur begrenzt haltbar.

Wildfruchtsaft

Früchte wie Himbeeren, Erdbeeren oder andere Gaumenschmeichler eignen sich gut für die Zubereitung von Saft oder Gelee. Zur Saftgewinnung

Zweierlei: Der Holunder bietet Blüten und Beeren zum Genießen.

verwendet man am besten einen Entsafter oder eine kleine Handpresse aus dem Küchenfachhandel – die traditionelle Methode mit Ablaufenlassen der kalt oder heiß zerquetschten Fruchtmasse durch Mulltücher oder -beutel ist meist nicht effektiv genug und zudem ziemlich langwierig. Auf diese Wiese wird das Gelee dann zwar nicht ganz klar, aber in jedem Fall einmalig aromatisch!

Grundrezept

Wildfruchtsaft
Früchte entsaften und Flaschen vorbereiten. Nach Belieben nachzuckern und etwa 10 Minuten lang bis kurz vor dem Sieden erhitzen. Saft heiß in vorbereitete, zuvor heiß ausgespülte Flaschen füllen und diese sofort verschließen.

Wildfruchtgelee

Für das Gelieren sind die in den Zellwänden der Früchte enthaltenen Pektine verantwortlich. Früchte bzw. Säfte mit niedrigem Pektingehalt (Blaubeeren, Himbeeren) kombiniert man möglichst mit Erntegut, das einen höheren Pektingehalt aufweist (vor allem Wildbirne, Wildapfel, Eberesche). Relativ sauer schmeckende Früchte verfügen in der Regel über einen höheren Pektingehalt und liefern bessere Geliererergebnisse. Fruchtgelees halten sich einige Monate lang.

Einige Früchte wie Ebereschenbeeren haben einen sehr herben Eigengeschmack. Sie lassen sich optimal mit Äpfeln oder Birnen in Gelee oder Konfitüre kombinieren.

Grundrezept

Fruchtgelee
Fruchtsaft und Gelierzucker im Verhältnis 1:1 etwa 4 Minuten kochen, Gelierprobe machen: Etwas von der heißen Masse auf einen kalten Teller oder Löffel geben. Wenn es nicht mehr tropft, sondern nur zäh verläuft, ist das Gelee fertig. Ansonsten noch etwas länger kochen lassen. In heiß ausgewaschene Gläser füllen, fest verschließen und sofort auf den Deckel stellen.

Wildfruchtkonfitüre

Konfitüre enthält die ganze Frucht oder zumindest das Fruchtfleisch. Bei Steinfrüchten wie Vogelkirschen entfernen Sie den Stein am besten vorher. Früchte mit kleinen Kernchen wie Eberesche oder Sanddorn kochen Sie mehrmals auf und streichen sie durch ein Sieb. Dann das Fruchtmus abwiegen und mit Gelierzucker zur Konfitüre verkochen.

Grundrezept

Fruchtkonfitüre
Auf 1 kg vorbereitete Früchte nimmt man 1 kg Gelierzucker. Die zerkleinerten Früchte mit dem Zucker vermischen und einige Stunden stehen lassen, danach kochen, bis die Gelierprobe (siehe Wildfruchtgelee) positiv ausfällt.

Beeren, Früchte, Nüsse

Fruchtfarbe

Wild-Apfel

Malus sylvestris

Merkmale: Großstrauch bis 7 m oder kleiner Baum; die nicht blühenden Zweige enden meist in Sprossdornen; Blätter breit oval bis fast rundlich, 4–10 cm lang und bis 6 cm breit, spitz, an der Basis abgerundet, gekerbt bis fein gezähnt, nach dem Austrieb dicht behaart; Blüten büschelig an Kurztrieben, 5 Griffel an der Basis miteinander verwachsen; Apfelfrüchte 2–4 cm dick, kugelig, grüngelblich, auf der Sonnenseite leicht gerötet, holzig und säuerlich; ✿ April–Mai.
Wo zu finden: Nährstoffreiche, lockere Lehm- und Steinböden in besonnten Lagen. Von Europa bis West-Asien weit verbreitet, in Deutschland kommen Wild-Apfelbäume verstreut von der Ebene bis auf etwa 1000 m in den Alpen vor, nirgendwo häufig.
Wie verwenden: Die reifen Früchte sind wegen ihres Gerbstoffgehaltes erst nach kräftiger Frosteinwirkung genießbar. Man verwendet sie für Gelee und Marmelade oder auch noch nicht ganz vollreif beimischt als wirksame Gelierhilfe für andere Fruchtzubereitungen.
Wissenswert: Von verwilderten Exemplaren der Kultursorten ist diese Art meist nur schwer zu unterscheiden, am ehesten anhand der nur wenig behaarten Laubblätter.

Rezept

Wild-Apfel-Bowle
1 l Apfelsaft
100 ml Calvados
1 (Wild-)Apfel in dünnen Scheiben
einige Blätter Zitronen-Melisse oder Zitronen-Thymian

Alle Zutaten zusammengeben, etwas ziehen lassen und kalt servieren.

ab Oktober

Wild-Birne

Pyrus pyraster

Merkmale: Großstrauch bis 7 m oder kleinerer Baum mit sparrigen Ästen und Zweigen; die Kurztriebe enden häufig in längeren Sprossdornen; junge Triebe feinfilzig oder nahezu kahl; Rinde anfangs glatt graubraun, später schuppig gefeldert; Blätter bis 7 cm lang gestielt, breit elliptisch, oberseits glänzend dunkelgrün, unterseits leicht bläulich; Blüten lang gestielt auf dicht filzigen Stielen weiß oder leicht rosa, 5 Griffel, bis zur Basis frei; holzige, gelblich braune, bis 4 cm lange Birne; ✿ April–Mai.
Wo zu finden: Sonnige Lagen, oft in lockeren Mischbeständen mit anderen Laubgehölzen, von der Ebene bis etwa 1000 m. In Europa mit Ausnahme des Nordens weit verbreitet, aber nirgendwo häufig. Oft als Wildäsung angepflanzt, sonst selten verwendet.
Wie verwenden: Die Wild-Birne schmeckt ziemlich säuerlich bis fad, eignet sich aber gut als Gelierhilfe und Säuerungsmittel in anderen Fruchtzubereitungen. Sie enthält allerdings viele harte Steinzellen, darum am besten entsaften und den Saft verwenden.
Verwechslung: Diese heimische Art lässt sich anhand der auffallend dünnstieligen und recht kleinen, nur wenig schmackhaften Früchte von eventuell verwilderten Exemplaren der Kultursorten unterscheiden. Die Früchte der Wildform sind im Allgemeinen rundlicher und kompakter als kleine Kulturbirnen.

ab September

Schmalblättrige Ölweide

Elaeagnus angustifolia

Merkmale: Mittelgroßer bis großer, dicht sparrig verzweigter und bedornter Strauch oder kleiner Baum, 2–5 m (selten auch höher); Zweige und Äste mit verdornten Kurzsprossen; Blätter schmal-lanzettlich, lederig, oberseits graugrün und kahl, unterseits dicht mit silbergrauen Sternhaaren; Kronblätter der Blüten fehlen, Kelchblätter innen hellgelb, duften angenehm nach Leder, Blütenhülle besteht also nur aus gefärbten Kelchblättern. Scheinbeere 1–2 cm lang, zylindrisch, hellgelb, mehlig; ✿ Mai–Juli.
Wo zu finden: Ufergehölze an Seen und Flüssen, Waldsäume, Gebüsche sonniger Hänge, bevorzugt auf lockeren, etwas feuchten Böden. Heimisch im zentralen Asien, im 17. Jahrhundert in den Mittelmeerraum eingeführt, später auch in Mitteleuropa häufig als Parkgehölz verwendet.
Wie verwenden: Die mehligen und nussartig aromatischen Scheinbeeren sind alleine nicht unbedingt eine kulinarische Offenbarung, lassen sich aber recht gut – auch getrocknet – zusammen mit anderen Beerenfrüchten in Obstsalaten oder Kompott verwenden.
Wissenswert: Erträgt formenden Schnitt, bildet dann sehr dichte Hecken und eignet sich insofern hervorragend als Windschutz. Für Bienen und andere Insekten sind die Blüten eine ergiebige Nahrungsquelle. Diese interessante Art sollte man daher auch im eigenen Garten unbedingt fördern.
Die silbrig graugrünen Blätter tragen auf beiden Blattseiten wie (fast) alle Mitglieder der Familie große, vielzackige Schildhaare. Mit einer guten Lupe kann man sie leicht erkennen. Ihre volle Schönheit präsentieren sie allerdings erst unter einem einfachen Mikroskop.

ab Juli

Reichblütige Ölweide

Elaeagnus multiflora

Merkmale: Sommergrüner, dichtästiger, meist breiter Strauch, bis 3 m; junge Triebe bräunlich durch Sternhaare; Äste und Zweige ohne Sprossdornen; Blätter länglich oval bis elliptisch, zugespitzt, oberseits dunkelgrün, anfangs dichter, später zerstreut mit silbrig grauen bis braunen Sternhaaren besetzt; Blüten weiß, dunkeln beim Verblühen gelblich nach, zu 1–2 in den Blattachseln; Scheinfrüchte länglich, saftig, 1–1,5 cm lang, an 2–3 cm langen dünnen Stielen, kräftig rötlich bis rötlich braun, schmecken betont säuerlich; ✿ April–Mai.

Wo zu finden: Trocken-warme Hänge mit lichten Gebüschen, Säume, benötigt wintermildes Klima. Stammt aus Ostasien (China, Japan, Korea), häufig als Ziergehölz (auch an Wegen und Straßen) verwendet. Kaum verwildert.

Wie verwenden: Die saftigen, säuerlichen Früchte sind auch roh essbar und werden im Ursprungsgebiet gerne konsumiert. Die Ernte ist allerdings etwas mühselig. Man verwendet sie am besten als Beimischung zu anderen Fruchtzubereitungen oder zur Aromatisierung von Getränken bzw. Cocktails.

Wissenswert: In ihrer Heimat werden die Früchte als Fruchtmus, Gelee oder Marmelade zubereitet oder zu Saft verarbeitet, auch in Kombination mit anderem Erntegut. Zudem verwendet man sie zur geschmacklichen Abrundung von Gemüse – ähnlich wie bei uns Apfelstückchen im Rotkohl oder Wacholderbeeren im Sauerkraut.

 *ab August*  

Sanddorn

Hippophae rhamnoides

Merkmale: Dicht verzweigter Strauch, 2–3 m, oder kleiner Baum bis 6 m; mit langen Dornen; Blätter kurz gestielt, schmal-lanzettlich, bis 7 cm lang, oberseits graugrün, unterseits silbriggrau, beidseits mit großen Sternhaaren; Blüten unauffällig grünlich braun, erscheinen vor dem Laub; Scheinfrucht beerenartig, leuchtend orangegelb mit großem Steinsamen; ✿ April–Mai, selten schon ab März.

Wo zu finden: Schotterauen alpiner Fließgewässer und Felsgrushalde, ferner Binnen- und Küstendünen. In Europa an Nord- und Ostsee, ferner Alpen, Balkan, Kaukasus und Vorderasien, in reich fruchtenden Sorten häufig als Obst- und Ziergehölz.

Wie verwenden: Die attraktiven Sanddorn-„Beeren" schmecken fruchtig-säuerlich und duften ein wenig nach Buttersäure. Für den Anbau gibt es großfrüchtige und im Geschmack verbesserte Sorten. Den Saft verwendet man in Saftmixgetränken, die Früchte als Kuchenbelag oder in Obstsalaten.

Wissenswert: Die Früchte weisen ein Vielfaches vom Vitamin-C-Gehalt üblicher Zitrusfrüchte und zusätzlich Vitamine der A- und B-Gruppe auf. Die Pflanze gehört zu den windhärtesten heimischen Gehölzen und ist ausgesprochen lichtbedürftig. Auch für die heimische Tierwelt (vor allem Dohlen, Stare und Fasane) ist sie ein wertvolles Wildobst. Die leuchtenden, einladend gefärbten und ziemlich saftigen „Beeren" sind tatsächlich Scheinfrüchte: Ausnahmsweise vergrößern sich die Kelchröhre und Teile des Blütenbodens zu einem fleischigen Gebilde und schließen die eigentliche Nussfrucht rundum ein.

Tipp: Sanddornfrüchte erntet man nicht durch Pflücken, sondern durch Abschneiden.

 *ab September*  

Blasenkirsche, Judenkirsche

Physalis alkekengi

Merkmale: Mehrjährige, krautige Pflanze, bis 60 cm hoch mit unterirdischen Ausläufern; Blätter weich, lang gestielt, oval, spitz, buchtig gekerbt; Blüten grünlich weiß, einzeln in den Blattachseln, Kelch zur Fruchtzeit stark blasig aufgetrieben („Lampionpflanze") und kräftig orangerot; Beerenfrucht kugelig, bis 1,5 cm dick, reif gelbrot; ✿ Juni–August.

Wo zu finden: Von der Iberischen Halbinsel bis Dalmatien, in Mitteleuropa vor allem in den Weinbauregionen, ursprüngliche Nordgrenze hier durch Verwilderung von Gartenexemplaren nicht mehr erkennbar.

Wie verwenden: Die grünen Teile der Pflanze sind giftverdächtig, die reifen Früchte sind in Maßen essbar. Die Früchte sind im Geschmack ähnlich wie die **Kapstachelbeere** (*Physalis peruviana*), die in Deutschland gelegentlich aus Kultur verwildert. Die vollreifen und recht vitaminreichen Beeren können roh als Frischobst gegessen oder in Chutneys, Fruchtsalaten, Fruchtsäften und Marmeladen mitverwendet werden. Man kann sie im Rumtopf einlegen oder so wie Cocktailkirschen in Bowlen und Longdrinks verwenden.

Verwechslung: Vorsicht – Verwechslungen mit der allerdings immer braunfleckigen **Giftbeere** (*Nicandra physalodes*) aus Süd-Amerika sind möglich. Gelegentlich aus Gärten verwildert.

Achtung!

Die Früchte sollten nur in Maßen verzehrt werden. Die anderen Teile der Pflanze sind giftverdächtig!

ab September

Feuerdorn

Pyracantha coccinea

Merkmale: Wintergrüner Strauch mit abstehenden Ästen und verdornten Kurztrieben, 1–3 m; Blätter kurz gestielt, länglich oval, lederig, stumpf oder mit kurzer Stachelspitze, oberseits glänzend dunkelgrün, unterseits heller; Blüten in abgeflachten Schirmtrauben, cremeweiß bis rötlich gelb; Apfelfrucht etwa erbsengroß, kugelig, rotorange oder hochrot; ✿ Mai–Juni und eventuell September–Oktober.

Wo zu finden: Waldsäume, Gebüsche, Flurhecken; in Südost-Europa von Italien über den Balkan bis ins Schwarzmeergebiet, häufig in Sorten als Ziergehölz in Parkanlagen und Gärten, unterdessen stellenweise verwildert.

Wie verwenden: Die Samen sollte man besser nicht verwenden, sie enthält giftige Blausäure abspaltende Verbindungen. Das Fruchtfleisch der dünnfleischigen Apfelfrüchte enthält geringe Mengen Sorbinsäure, die beim Erhitzen weitgehend zerstört wird, sodass die Früchte dann ungiftig sind. Sie ergeben eine recht dekorative Beigabe zu anderen Fruchtzubereitungen, beispielsweise Marmelade, oder – ähnlich wie Preiselbeeren – auch zu verschiedenen Fleischgerichten.

Wissenswert: Die Blätter bleiben im Winter grün am Strauch und werden erst im nachfolgenden Frühjahr abgestoßen. Die Blüten bieten für Bienen eine ergiebige Nahrungsquelle. Die reifen Früchte sind bei Singvögeln (vor allem bei Drosseln) außerordentlich beliebt und werden meist schon im Herbst komplett abgeerntet.

Die Art ist frostempfindlich und friert in strengen Wintern stark zurück. Dennoch ist sie als anspruchsloses und gut wüchsiges Blüten- und Fruchtgehölz für jeden Garten zu empfehlen.

ab September

Kirschpflaume

Prunus cerasifera

Merkmale: Breiter Strauch oder kleiner, breitkroniger Baum, formenreich, 4–8 m hoch, Äste mitunter dornig und oft überhängend; Blätter lang gestielt, länglich oval bis elliptisch, oberseits glänzend dunkelgrün und kahl, unterseits nur auf der Mittelrippe behaart; Blüten reinweiß; Steinfrucht 2–3 cm groß, lang gestielt, kugelig, reif gelb, rötlich oder braunrot, leicht bereift, sehr saftig; ✿ März–April.

Wo zu finden: Sonnige Felsgebüsche und Hänge. Vom Balkan bis nach Vorderasien, in Mitteleuropa eingebürgert und vielfach verwildert, in Sorten als Obstgehölz gepflanzt und in Baumschulen gerne als Veredelungsunterlage verwendet. Sehr dekorativer und früh blühender Fruchtbaum auch in Parkanlagen.

Wie verwenden: Die leicht zu erntenden und angenehm säuerlich schmeckenden Steinfrüchte sind – ähnlich wie Pflaumen oder Zwetschgen – nach gründlichem Waschen roh zu genießen oder gekocht als Marmelade oder Kompott zu verwenden. Sie lassen sich auch zu Saft verarbeiten. Das Fruchtfleisch lässt sich etwas schwer vom Steinkern lösen.

Wissenswert: Vermutlich ist die Kirschpflaume die Stammpflanze der Mirabelle. Eine Varietät mit dunkelrotem Laub wird gärtnerisch häufig unter der Bezeichnung Blutpflaume verwendet. Alle Formen sind wichtige Bienen- und Vogelgehölze.

ab August

Westlicher Erdbeerbaum

Arbutus unedo

Merkmale: Immergrüner Großstrauch oder kleiner Baum mit gekrümmtem Stamm; Rinde im Alter auffällig schuppig zerrissen; Blätter an den Zweigenden büschelig gedrängt, Blattstiel rötlich, Spreite länglich elliptisch, lederig, oberseits glänzend dunkelgrün, unterseits blasser; Blüten maiglöckchenähnlich krugförmig, cremeweiß; Beere 2 cm dick, auffallend warzig, kräftig rot; ✿ Oktober–März.

Wo zu finden: Trockene, flachgründige, steinige, kalkarme Böden, immergrüne Wälder und Macchien, oft in Küstennähe, im natürlichen Verbreitungsgebiet wird der Erdbeerbaum stellenweise auch als Ziergehölz angepflanzt. Westliches Mittelmeergebiet, lichte Eichenwälder, Macchien, entlang der Atlantikküste bis nach Irland.

Wie verwenden: Die anfangs orangegelben, später hochroten Beerenfrüchte erinnern an eine Erdbeere. Mit ihrem faden, etwas säuerlichen Geschmack überzeugen sie für den Rohgenuss nicht besonders (Artbezeichnung „*unedo*" = ich esse nur eine), eignen sich aber sehr gut für Marmeladen, Konfitüren oder Liköre.

Wissenswert: Der nahe verwandte, aber nur im östlichen Mittelmeergebiet beheimatete **Östliche Erdbeerbaum** (*Arbutus andrachne*) wird ähnlich verwendet.

ab Juli

Immergrüne Bärentraube

Arctostaphylos uva-ursi

Merkmale: Immergrüner Zwerg- oder Spalierstrauch mit liegenden, teppichbildenden Ästen und Zweigen; Blätter dicklich, sitzend oder kurz gestielt, oval, am Rand und auf der Mittelrippe schwach behaart, oberseits glänzend, nur unterseits deutlich netznervig (wichtiger Unterschied zur sonst ähnlichen Preiselbeere, Seite 46), aber nicht drüsig punktiert; Blüten krugförmig, weißlich, grünlich oder rötlich; Beerenfrucht kugelig, hochrot, saftig, schmeckt betont säuerlich; ✿ März–Juni.

Wo zu finden: Zwergstrauchheiden, lichte Kiefernwälder, meist über kalkhaltigem, eher trockenem Untergrund. Arktische Tundra, Alpen, Pyrenäen, Zentralapenninen, südlicher Balkan, im Gebirge bis etwa 2700 m. Außerhalb der Hochgebirge in Mitteleuropa extrem selten und an allen bekannten Standorten besonders schutzwürdig. Exemplare aus dem Fachhandel eignen sich für den eigenen Beerengarten.

Wie verwenden: Die einladend aussehenden, aber nach mancher Einschätzung nicht besonders schmackhaften oder sogar ungenießbaren Beeren stehen zwar der ähnlichen Preiselbeere im kulinarischen Wert durchaus nach, lassen sich aber prinzipiell genauso verwenden, nämlich als Kompott, als Beigabe in Marmeladen und Konfitüren oder in Marinaden für Fleischgerichte.

Verwechslung: Das Laub färbt im Herbst im Gegensatz zu dem der nahe verwandten Alpen-Bärentraube (Seite 82) nicht um. Auch mit der Preiselbeere (Seite 46) kann die Art verwechselt werden. Beide Arten sind ebenfalls essbar, daher besteht kein erhöhtes Vergiftungsrisiko.

Wissenswertes: Trotz ihrer geringen Größe sind die Früchte dieser geschützten Art tatsächlich eine wichtige Nahrung für den Europäischen Braunbären.

ab September

Gewöhnliche Berberitze

Berberis vulgaris

Merkmale: Bedornter Strauch mit bogig überhängenden Ästen, etwa 1–3 m hoch; Triebe kantig-längsstreifig; Blätter gestielt, büschelig angeordnet, länglich-elliptisch, scharf dornig gezähnt, oberseits dunkelgrün, unterseits heller; Blüten hellgelb, halbkugelig gewölbt; Beerenfrucht länglich, bis 1 cm groß, leuchtendrot, schmeckt sehr sauer; einziger unbedenklicher Teil – alle übrigen Pflanzenteile sind leicht giftig und nicht verwendbar! ✿ April–Juni.
Wo zu finden: Gebüsche, Flurhecken, Waldsäume, Lichtungen und Trockenhänge, gerne auf kalkhaltigen, sonnigen Magerböden. Fehlt in Nordeuropa, im übrigen Europa weit verbreitet, vom Tiefland bis etwa 2000 m.
Wie verwenden: Die stark sauer schmeckenden und sehr festen Beerenfrüchten eignen sich für Gelee, Marmeladen und Konfitüren oder kandiert. Man verwendet sie ferner als Marinaden für Fleischgerichte (eine Handvoll Früchte kurz vor dem Garen auf den Braten geben) oder zur Geschmackskorrektur für Tee, Süßwaren oder Spirituosen. Außerdem sind sie als Trockenfrüchte – zum Beispiel mit Rosinen und Nüssen oder zu exotischen Gerichten – sehr erfrischend.
Wissenswert: Als Zwischenwirt des Getreideschwarzrostes hat man die Art in vielen Gegenden ausgerottet. Für Kleintiere ist sie aber ökologisch besonders wertvoll. Ein etwaiger Pilzbefall der Laubblätter hat im Prinzip auf die Qualität der Früchte keine Auswirkungen, sie können trotzdem verarbeitet werden.

Achtung!

In Parkanlagen und auch entlang in Privatgärten werden mehrere Berberitzen-Arten als Ziergehölze angepflanzt. Deren Früchte nicht verwenden – sie gelten als giftverdächtig.

ab September

Gelber Hartriegel, Kornelkirsche

Cornus mas

Merkmale: Sparrig verzweigter Strauch oder kleiner Baum; Triebe grün, anliegend behaart, später kahl und bräunlich; Borke blättert schuppig ab; Blätter gestielt, oval bis elliptisch, schlank zugespitzt, unterseits nur in den Nervenwinkeln behaart, mit meist 3–4 Bogennerven; Blüten hellgelb bis goldgelb, öffnen sich lange vor den Blättern; Steinfrucht einer Kirsche ähnlich, hängend, reif glänzend, scharlach- bis dunkelrot; ✿ Februar–April.

Wo zu finden: Lichte, trockene Laubwälder, Waldränder, Säume, Flurhecken, Gebüsche. Mittel- und Südeuropa, in Deutschland nördlich bis zum Rheinland, ferner Kleinasien bis Kaukasus, häufig als Straßen- und Fruchtgehölz oder wegen des frühen Blühtermins in Parks.

Wie verwenden: Die Früchte sind erst genießbar, wenn sie von selbst zu fallen beginnen. Vorher schmecken sie wegen des hohen Gerbstoffgehaltes ziemlich herb. Roh schmecken sie immer noch sehr sauer, eignen sich vollreif aber bestens für Gelee, Marmelade oder Kompott, auch in Mischungen. Im Orient bereitet man daraus zusammen mit Wassereis ein (persisch) Sorbet genanntes Erfrischungsgetränk.

Wissenswert: Die in alten Siedlungshorizonten mengenweise gefundenen Steinkerne belegen, dass die Art schon in der jüngeren Stein- sowie Bronzezeit einen wichtigen Beitrag zur Ernährung der Menschen lieferte.

Achtung!

An Straßenrändern, in Parkanlagen sowie in Privatgärten werden mehrere Arten der Gattung *Cornus* (Hartriegel) als Ziergehölze verwendet. Sie tragen weiße bis hellblaue Früchte, die allesamt ungenießbar sind.

 ab Juli  

Eingriffeliger Weißdorn

Crataegus monogyna

Merkmale: Mittelgroßer und bedornter Großstrauch oder kleiner Baum; Sprossdornen gerade, bis 2 cm lang; Blätter lang gestielt, im Umriss rautenförmig, tief 3- bis 7-lappig, die Einbuchtungen reichen weit über die Spreitenmitte hinaus, oberseits dunkelgrün, kahl, unterseits bläulich; Blüten weiß, in schirmförmigen Rispen, duften unangenehm nach Fisch (Trimethylamin), Fruchtknoten mit (meist) nur einem langen Griffel; Apfelfrucht etwa erbsengroß, mit einem Steinkern, rot, säuerlich; ✿ Mai–Juni.

Wo zu finden: Hecken, Gebüsche, Flurgehölze, Waldsäume, felsige Hänge, von der Ebene bis etwa 1500 m im Gebirge. Mittel- und Südeuropa, südliches Skandinavien, Vorderasien, Nordafrika, häufig als Ziergehölz angepflanzt.

Wie verwenden: Das leicht mehlige Fruchtfleisch lässt sich nur frisch von den Steinkernen lösen und ist roh essbar. Die kulinarischen Qualitäten werden zwar unterschiedlich beurteilt, doch lässt sich aus dem Fruchtfleischmus ein sehr schmackhaftes Gelee herstellen. Wem die Weißdornfrüchte allein geschmacklich oder verarbeitungstechnisch nicht besonders zusagen, kann sie auch einzeln oder zu wenigen als dekoratives Füllmaterial in Wildfruchtsalaten oder sonstigen Fruchtpotpourris verwenden.

Wissenswert: Extrakte aus den Blättern, Blüten und Früchten werden medizinisch als herzstärkende Mittel sowie gegen Bluthochdruck verwendet. Das verhältnismäßig harte Holz wurde früher oft zu Werkzeugstielen und Drechslererzeugnissen verarbeitet.

Die Weißdorn-Arten vertragen den Rückschnitt sehr gut und sind daher als Heckengehölze für die Gartengrenze sehr zu empfehlen. Wertvolles Vogelschutzgehölz.

ab September

Zweigriffeliger Weißdorn

Crataegus laevigata

Merkmale: Sparrig verzweigter Großstrauch oder kleiner Baum; Sprossdornen wenig gekrümmt bis fast gerade, bis 2,5 cm lang; Blätter verkehrteiförmig, im vorderen Teil unregelmäßig 3- bis 5-lappig oder nur tief gekerbt, Lappen reichen kaum bis zur Spreitenmitte, oberseits kahl, dunkelgrün, unterseits bläulich, nur anfangs auf den Nerven etwas behaart; Blüten gestielt, reinweiß, von unangenehmem Duft, in Doldenrispen, immer mit 2–3 langen Griffeln; Apfelfrucht scharlachrot, angedeutet kantig, mit mindestens 2 Steinkernen; ✿ Mai–Juni.

Wo zu finden: Hecken, Gebüsche, Laub- und lichte Nadelwälder, Gärten. Nordwest-, Nordost- und Mitteleuropa, südlich bis zum Balkan und zum Apennin, häufig als dekoratives Ziergehölz angepflanzt.

Wie verwenden: Kulinarisch sind die Apfelfrüchtchen dieser Art genauso zu bewerten wie die des eingriffeligen Verwandten. Man kann sie ebenso wie diese auch im Rumtopf oder in einem aufgesetzten Fruchtschnaps verwenden.

Wissenswert: Der als Ziergehölz häufig angepflanzte Rotdorn ist eine Gartenform dieser Art mit gefüllten, karminrote Blüten in sehr reichhaltigen Doldenrispen. Beide Weißdornarten sind hervorragende Heckengehölze, da sie auch regelmäßiges Schneiden sehr gut vertragen. Mit ihrem reichen Blüten- und Fruchtschmuck sind sie auch ein bedeutsamer Nahrungsspender und Lebensraum für zahlreiche heimische Kleintiere (Insekten, Singvögel, Kleinsäuger).
„Rotdorn" sind verschiedene Weißdorn-Kreuzungen, die gerne als Ziergehölze verwendet werden. Sie sind mit ihren gefülllten karminroten Blüten zwar dekorativ, bieten aber Insekten keinen Nektar und tragen keine Früchte.

ab August

Wald-Erdbeere

Fragaria vesca

Merkmale: Blätter lang gestielt, 3 grob gezähnte Fiedern, nur mittlere Fieder kurz gestielt, die seitlichen sitzend, oberseits kahl; Blüten weiß, breit rundlich, Kronblätter überdecken sich am Rand, Kelchblätter stehen zur Fruchtzeit ab oder sind nach rückwärts umgeschlagen; die 1–2 cm breiten Erdbeeren sind Schein- bzw. Sammelnussfrüchte. Sie lösen sich bei der Vollreife sehr leicht von den Kelchen; ✿ Mai–Juni.
Wo zu finden: Lichte Wälder, Waldränder, Gebüsche, Säume, gerne auf nährstoffreichen, frischen und lehmigen Böden. In Europa weit verbreitet und auch in Deutschland fast überall ziemlich häufig, im Gebirge bis etwa 2000 m.
Wie verwenden: Die kugeligen Erdbeeren erreichen erst in der Vollreife ihr besonderes Aroma, an das die großfrüchtigen Gartenformen kaum heranreichen. Sie sind außerordentlich vitaminreich (Vitamin C ca. 60 mg/100 g Frucht) und schmecken wegen der darin enthaltenen Fruchtsäuren angenehm säuerlich. Man verwendet sie gerne für sommerliche Fruchtbowlen, aber auch für Marmeladen, Kompott oder einfach als Wildobst.
Wissenswert: Die Art eignet sich hervorragend für den Wildpflanzengarten und gedeiht auch in ausgesprochenen Schattenecken.
Die Ansiedlung ist denkbar einfach – einige reife Erdbeeren an geeigneter Stelle auslegen, aber nicht eingraben – die Art ist Lichtkeimer. Wald-Erdbeeren sind recht vermehrungsfreudig. Die Ausbreitung erfolgt durch Vögel und mitunter auch durch Schnecken. Ameisen tragen die Sammelfrüchte in ihre Bauten, verfüttern das Fruchtfleisch an die Larven und tragen die unversehrt bleibenden Nüsschen wieder nach draußen. Die vegetative Vermehrung erfolgt über oft meterlange Ausläufer, an deren Knoten sich Serien von Tochterpflanzen entwickeln.

ab Juni

Granatapfel

Punica granatum

Merkmale: Strauch oder krummstämmiger kleiner Baum mit kantigen, graubraunen Zweigen; Blätter mitunter büschelig gehäuft, kurz gestielt, breit oval, derb, glänzend grün, mit kräftigem Mittelnerv; Blüten leuchtend rot, glockig, etwas zerknittert; Frucht apfelähnlich mit derber, lederiger Schale; ✿ Mai–September.

Wo zu finden: Trockene, meist felsige Hänge, Mauern, Ruinen, aufgelassenes Gartengelände. Ursprünglich nur im östlichen Mittelmeer- und im Schwarzmeergebiet, heute im gesamten Mittelmeerraum sowie bis zur Süd-Schweiz und Nord-Tirol als Zier- oder Fruchtgehölz angepflanzt.

Wie verwenden: Man schneidet die Frucht auf, löffelt die glasig roten, etwas kantigen Samen aus, saugt die geleeartigen Teile aus. Der geleeartige Samenmantel, der die zahlreichen steinharten Samen jeweils umgibt, schmeckt angenehm säuerlich und liefert einen erfrischenden Getränkezusatz (Grenadine), den man auch verschiedenen klassischen Cocktails beimischt.

Rezept

Tequila Sunrise

Zutaten je Portion:
1 cl weißer Tequila
gestoßene Eisstückchen
2–3 cl Orangensaft
2 cl Grenadine

Tequila über das Eis in ein gut gekühltes, schmales (ungefärbtes) Cocktailglas gießen, mit Orangensaft auffüllen, gut umrühren, zuletzt ganz langsam Grenadine dazu geben ... und die Sonne geht auf.

ab Juni

Rote Johannisbeere

Ribes rubrum

Merkmale: Buschiger Strauch; Triebe kahl ohne Stachel oder Dornen; Blätter 3- bis 5-lappig, grob gesägt; Blüten grünlich gelb oder rötlich, zu 10–20 in anfangs aufrechten, später bogig hängenden Trauben; Beerenfrucht kugelig, erbsengroß, scharlachrot, saftig; ✿ April–Mai.
Wo zu finden: Auenwälder, Schluchtgehölze und Ufergebüsche von Bächen auf nassen bis feuchten, tonigen, nährstoffreichen Böden. In Westeuropa und westlichem Mitteleuropa, fehlt jedoch im Tiefland weitgehend, in vielen Gartensorten und als Beerenobst weit verbreitet.
Wie verwenden: Rohobst, Kuchenbelag, Konfitüre, Kompott, Rote Grütze, Kaltschalen, Dessertsaucen, in Soufflés oder Muffins.
Wissenswert: Die Art ist sehr formenreich und wird daher heute als Ensemble mehrerer Kleinarten aufgefasst, zu der neben anderen die westeuropäische **Wald-Johannisbeere** (*Ribes sylvestris*) und die in Skandinavien sowie in Osteuropa vorkommende Ährige oder **Nordische Johannisbeere** (*R. spicatum*) gehören.

Rezept

Johannisbeer-Sorbet
Zutaten für 4 Portionen:
ca. 350 g Johannisbeeren
7 EL Armagnac
1 Glas Apfelsaft
3 EL Grenadine
200 g Gelierzucker

Früchte mit Mixstab zerkleinern. Apfelsaft, Zucker und Grenadine zugeben, kurz aufkochen. Armagnac zugeben. Masse für ca. 1 h in das Tiefkühlfach stellen.

ab Juni

Alpen-Johannisbeere

Ribes alpinum

Merkmale: Dicht verzweigter Strauch; Triebe hellgrau, kahl, ohne Stacheln oder Dornen, Rinde löst sich von älteren Teilen in schmalen Streifen ab; Blätter in dichten Büscheln, Blattstiele mit langen Drüsenhaaren, 3- bis 5-lappig, grob gezähnt, oberseits mattgrün, unterseits etwas glänzend; Blüten grünlich gelb, 5–9 mm breit, in aufrechten, unscheinbaren Trauben; Beerenfrucht kugelig, scharlachrot, schmeckt eher fade; ✿ April–Mai.

Wo zu finden: Gebüsche, lichte oder schattige Wälder, Schluchten, Waldsäume, Auenwälder des Tieflandes und steinige Abhänge der Gebirge, auf lockeren, feuchten Böden. In Mittel- und Nordeuropa, in den südwest- und südeuropäischen Gebirgen, ferner in Nord- und Ostasien.

Wie verwenden: Die reifen Beerenfrüchte lassen sich genauso verwenden wie die der nahe verwandten Roten Johannisbeere (Seite 32). Sie schmecken weniger kräftig, lassen sich aber gut in einer Beerenmischung verwenden.

Wissenswert: Der deutsche Name – regional nennt man sie auch Berg-Johannisbeere – ist durchaus irreführend, da die Art verstreut auch im Tiefland vorkommt. Sie erträgt ohne Weiteres Halbschatten und bemerkenswerterweise auch Abgase. In verschiedenen Sorten wird sie daher häufig für Heckenpflanzungen im Straßenbegleitgrün von Großstädten und Industriegebieten verwendet.

Obwohl die Blüten aller Johannisbeer-Arten relativ unscheinbar aussehen, stehen sie bei blütenbesuchenden Insekten hoch im Kurs und werden entsprechend häufig angeflogen.

Der Name „Johannisbeere" zitiert den christlichen Johannistag (24.06.) – zu diesem Zeitpunkt reifen die meisten Arten.

ab August

Felsen-Johannisbeere

Ribes petraeum

Merkmale: Strauch; Triebe kräftig ohne Stacheln oder Dornen, graubraun; Blätter büschelig angeordnet, lang gestielt, bis 10 cm breit, mit 3 großen und 2 kleineren, manchmal nur undeutlichen Lappen, gesägt, am Rand bewimpert, auf der Oberseite ziemlich runzlig; Blüten rötlich, von langen Kelchblättern glockig überragt, in dichten, lang gestielten, abstehenden oder hängenden Trauben; Beerenfrucht kugelig, rot, essbar, schmeckt sehr sauer; ✿ April–Mai.
Wo zu finden: Bergwälder, Bachschluchten, Blockhalden, Hochstaudenfluren, meist auf sickerfeuchten, lockeren, schwach sauren Böden. Von den Pyrenäen über die Alpen bis zu den Karpaten, ferner in Nordafrika (Atlas) und bis Ostsibirien, in Mittelgebirgen und Tiefland sehr selten, in den Alpen bis über 2000 m.
Wie verwenden: Die reifen Beerenfrüchte lassen sich genauso verwenden wie die der nahe verwandten Roten Johannisbeere (Seite 32), schmecken aber sehr sauer. Am besten in kleiner Menge anderem Beerenobst zufügen.
Wissenswert: Wird als Ziergehölz nur wenig verwendet. In den höheren nördlichen Mittelgebirgen (Vogesen, Schwarzwald) gilt sie als Eiszeitrelikt. Im Unterschied zur Alpen-Johannisbeere, die ihr in manchen Merkmalen recht ähnlich ist, sind die Blüten dieser Art immer zwittrig.

ab Juni

Hecken-Rose, Hunds-Rose

Rosa canina

Merkmale: Kletternder Wildstrauch; Stacheln gleich groß, lang, kräftig und rückwärts gekrümmt; Blätter gefiedert, Fiedern dünn, kurz gestielt, elliptisch, gesägt; Blüten zu 1–3 meist blassrosa oder rötlich, in den oberen Blattachseln, 4–6 cm breit; Hagebutte bis 2,5 cm lang, korallenrot, kahl; ✿ Juni–Juli.

Wo zu finden: Wegränder, Gebüsche, Feldgehölze, Hecken, Waldränder und Magerweiden, bevorzugt tiefgründige, nährstoffreiche und eventuell kalkhaltige Böden. In Mitteleuropa die mit Abstand häufigste Wildrose und überall mit Ausnahme des nördlichen Skandinaviens anzutreffen, ferner in Nordafrika und Westasien. Oft angepflanzt.

Wie verwenden: Das Fruchtfleisch (immer ohne die mit Widerhaken besetzten Kerne!) verarbeitet man zu Marmeladen oder Fruchtmus; man kann es auch zu Obstwein vergären. Frisch oder getrocknet verarbeitet man sie auch in Aufläufen oder Muffins. Die getrockneten Hagebutten geben einen aromatischen Haustee. Ähnlich lassen sich auch die Hagebutten anderer Wildrosen verwenden.

Wissenswert: Die vitaminreichen Hagebutten sind eigentlich keine Beeren, sondern werden Sammelscheinfrüchte genannt – das vitaminreiche Fruchtfleisch entsteht nicht aus der Fruchtknotenwand, sondern aus dem verdickten, becherförmigen Blütenboden. Die darin eingebetteten behaarten Kerne sind – botanisch gesehen – Nussfrüchte.
An den Ästen und Zweigen der heimischen Wildrosen finden sich nicht selten eigenartige Wucherungen, die wie Büschel missgestalteter Blätter aussehen. Sie enthalten die Brutkammern der Schlafapfel-Gallwespe und entstehen durch eine komplizierte Interaktion zwischen Pflanze und Insekt.

ab September

Runzel-Rose, Kartoffel-Rose

Rosa rugosa

Merkmale: Sehr reichästiger, dichtlaubiger Zier- und Wildstrauch mit dicken Früchten; Blätter 5- bis 9-zählig gefiedert, Fiedern elliptisch bis oval, grob gesägt, derb, oberseits runzlig; Blüten tiefrosa oder purpurrosa, mitunter auch reinweiß, bis 8 cm breit; Hagebutte 2–3 cm groß, kugelig, breiter als hoch, fleischig und weich, scharlach- bis dunkelrot, essbar (ohne Kerne); ✿ Mai–August.

Verbreitung: Gebüsche, Wegränder, Braundünen. Stammt ursprünglich aus Ostasien. In Mitteleuropa vielfach als Zierstrauch angepflanzt und regional verwildert bzw. bereits eingebürgert, beispielsweise auf Küstendünen oder -heiden.

Wie verwenden: Das Fruchtfleisch lässt sich wegen der Größe der Hagebutte wesentlich besser verarbeiten als das anderer Wildrosenarten. Die mit Widerhaken besetzten Kerne immer vollständig auslösen. Geeignet für Marmeladen, Konfitüren oder Fruchtmus. Frisch oder getrocknet verarbeitet man sie auch in Aufläufen oder Muffins oder verwendet sie als Beilage zu Wildgerichten. Schmecken sehr gut zusammen mit Äpfeln, Birnen, Pflaumen und Kürbis.

Wissenswert: Die Art wurde bereits um 1850 nach Mitteleuropa eingeführt und ist seither in mehreren Sorten in Gärten und Parks anzutreffen. Sehr windfest, daher auch in Schutzpflanzungen verwendet. Wertvoll für die heimischen Kleintiere.

Weil sie sich im Bereich der Küsten sehr stark ausbreitet, ist die Runzel-Rose jedoch eine von Naturschützern kritisch wahrgenommene Problempflanze. Im Binnenland ist sie für die heimische Natur deutlich weniger bedrohlich und daher für Gärten ausdrücklich zu empfehlen.

ab August

Tipp

Alle Hagebutten sollten Sie so vorbehandeln:

- Hagebutten längs aufschneiden,
- die darin befindlichen Kerne (= eigentliche Früchte: Nüsschen) entfernen,
- Hagebuttenhälften gründlich mit kaltem Wasser waschen, um auch den letzten Flaum zu entfernen,
- entweder sofort frisch weiterverarbeiten
- oder zum Trocknen auf einem Backblech in den mäßig warmen Ofen geben.

Rezept

Hagebutten-Johannisbeer-Fruchtsauce

1,5 kg Hagebutten
½ l Rotwein
400 g Zucker
kleine Zimtstange
1 TL Vanillezucker
Orangen- oder Zitronen-Backaroma
100 ml Johannisbeerlikör (Cassis)

Hagebutten 4 Minuten mit wenig Wasser sprudelnd kochen, abseihen und abtropfen lassen. Rotwein, Zucker, Zimt und Vanillin 10 Minuten erhitzen (nicht kochen). Die Zimtstange entnehmen und Backaroma und Hagebutten zugeben. Nochmals 10 Minuten erhitzen. Nach Geschmack den Likör zugeben und heiß in Aufbewahrungsgläser geben.

Moltebeere

Rubus chamaemorus

Merkmale: Mehrjährige, krautige Pflanze mit kriechendem Wurzelstock und aufrechten, bis 30 cm hohen Trieben; Blätter lang gestielt, nicht allzu tief 5- bis 7-lappig, gekerbt oder gesägt; Blüten weiß, einzeln endständig, 2 cm breit, Kelchblätter sehr klein; beerenartige Sammelsteinfrucht aus 10–20 dicht gedrängten Einzelfrüchten, zunächst hellrot, reif kräftig gelbrot, essbar; ✿ Mai–Juli.

Wo zu finden: Moorgebiete und Heiden auf sauren Torfböden, vom Tiefland bis in 900 m Höhe. In den höheren Breiten rings um den Nordpol, in Nordeuropa, Nordasien und Nordamerika, südliche Verbreitungsgrenze reicht gerade noch nach Norddeutschland. Hier ist die Moltebeere geschützt! Die Art fehlt in den Alpen.

Wie verwenden: In Skandinavien werden die vitaminreichen und recht schmackhaften Früchte gerne gesammelt und als Wildobst verwendet. Sie lassen sich wie die verwandten Himbeeren und Brombeeren eingezuckert zu Gelee, Marmelade, Kompott oder Saft verarbeiten.

Wissenswert: Ähnlich wird auch die in Skandinavien verbreitete rotfrüchtige und ebenfalls krautige **Åkerbeere** (*Rubus arcticus*) verwendet. Die Moltebeere ziert die finnische 2-Euro-Münze. Im Unterschied zu anderen Rubusarten sind ihre Blüten eingeschlechtlich.

Tipp

Kühl aufbewahrt halten sich frische Moltebeeren viele Wochen lang.

ab September

Himbeere

Rubus idaeus

Merkmale: Strauch mit Ausläufern (Wurzelsprossen); einjährige Triebe rutenförmig, aufrecht, zweijährige hängen bogig über, bis zu 1,5 m hoch; Blätter meist 3-zählig gefiedert, Endfieder am größten und gestielt, oberseits kahl, unterseits auffällig weißfilzig (Unterschied zur Brombeere); Blüten weiß in lockeren, aufrechten oder abstehenden Trauben, Kelchblätter filzig, nach dem Abblühen zurückgeschlagen; Die aromatisch schmeckende Himbeere ist eine Sammelsteinfrucht aus zahlreichen fleischroten (selten auch gelblichen), rundlichen Einzelfrüchten, diese sind samtig behaart und lösen sich leicht von der kegelförmigen Blütenachse; ✿ Mai–Juli.

Wo zu finden: Lichte Wälder und Gebüsche, Waldschläge, Hochstaudenfluren, Böschungen, Ufer, aufgelassene Kiesgruben und Steinbrüche. Fast überall in Europa häufig anzutreffen (fehlt im äußersten Norden und Südwesten), ferner im gemäßigten Asien, im östlichen Nordamerika eingebürgert.

Wie verwenden: Saft, Sirup, Konfitüren, Kompott; nur gut gereifte Himbeeren sollte man verwenden, doch sind diese nicht besonders haltbar; roh nur nach gründlichem Waschen verzehren.

Wissenswert: Häufig in ertragreichen Fruchtsorten in Gärten; am Sortenbild sind nordamerikanische Wild-Himbeeren beteiligt, oft die von Alaska bis Kalifornien vorkommende **Lachs-Himbeere** (*R. spectabilis*).

ab Juli

Vogel-Kirsche

Prunus avium

Merkmale: Bis 30 m hoher Baum mit schmaler, hoher Krone auf schlankem, langschäftigem Stamm, Rinde mit breiten Querbinden; Blätter gezähnt, verkehrt-eiförmig bis länglich-oval, 7–15 cm lang mit 2–4 großen roten Nektardrüsen, oberseits glatt, glänzend dunkelgrün, unterseits heller; Blüten weiß, büschelig an Kurztrieben; Steinfrucht kugelig, etwa 1 cm dick, hoch- bis dunkelrot; ✿ April–Mai.

Wo zu finden: Meist Pioniergehölz auf Brachen und Lichtungen sowie an Waldrändern. Von Nordspanien bis zum Kaukasus, in Mitteleuropa überall verbreitet und häufig forstlich angepflanzt.

Wie verwenden: Die reifen Steinfrüchte kann man im Prinzip wie Süßkirschen aus dem Garten oder vom Obsthändler verwenden.

Wissenswert: Die Vogel-Kirsche ist die Stammform der Süß-Kirsche und von verwilderten Exemplaren der Kultursorten kaum zu unterscheiden. Diese teilt man in die Sortengruppe der schwarzroten Knorpelkirschen mit festem Fruchtfleisch und in die roten bis gelblichen Herzkirschen mit eher weichem, saftigem Fruchtfleisch ein.

Tipp

Eine Handvoll entsteinter Vogel-Kirschen ist – zusammen mit Heidelbeeren, Brombeeren, Himbeeren und anderem leckerem Sammelgut – eine überaus empfehlenswerte Zutat für Rumtopf. Die Fruchtmischung kann über die gesamte Saison hinweg ergänzt werden.

ab Juli

Gewöhnlicher Bocksdorn

Lycium barbarum

Merkmale: Strauch mit überhängenden, dornigen Ästen und Zweigen; wächst gelegentlich auch in andere Sträucher hinein; Blätter lanzettlich, kurz gestielt, an Kurztrieben in Büscheln, 3–8 cm lang, in der Mitte am breitesten, beidseits graugrün; Blüten purpurn-violett, trichterförmig, bis 1,5 cm breit; Beerenfrucht oval, mit anliegendem Kelch, 1–2 cm lang, glänzend gelblich oder orangerot bis scharlachrot, vielsamig; ✿ Mai–Juni.
Wo zu finden: Trockengebüsche, Hecken, Böschungen, Säume, besonders gerne auf Sandböden. Ursprünglich nur in Südeuropa, von der Iberischen Halbinsel über den Balkan bis Westasien. In Mitteleuropa gelegentlich als Zierstrauch angepflanzt und an vielen Stellen eingebürgert.
Wie verwenden: In der botanischen Fachliteratur hielt sich sehr lange die Angabe, dass die reifen Beeren Tropanalkaloide (Hyoscyamin) enthalten und damit gefährlich giftig seien. Dies geht auf eine Untersuchung zurück, die mehr als 100 Jahre zurückliegt und nie bestätigt wurde. Neuere Bewertungen gehen davon aus, dass die Beeren giftfrei und damit harmlos sind. Sie werden heute zusammen mit anderen Früchten gerne zu Saft verarbeitet, der sogar im Handel erhältlich ist.
Wissenswert: In der traditionellen chinesischen Medizin setzt man die getrockneten Früchte bei Bluthochdruck, fallweise sogar bei der Krebsbehandlung und zur Stärkung des Immunsystems ein. Ähnlich ist der ebenfalls häufig gepflanzte und sehr nahe verwandte **Chinesische Bocksdorn** (*Lycium chinense*) zu bewerten. Die Blätter sind aber unterhalb der Mitte am breitesten.

ab August

Eberesche, Vogelbeere

Sorbus aucuparia

Merkmale: Baum mit unregelmäßiger Krone, 15–20 m hoch; Blätter gefiedert, Fiedern 9–17, bis 6 cm lang und 2 cm breit, nur an der Basis (höchstens im unteren Viertel; Unterschied zum Speierling) ganzrandig, vorne scharf gezähnt, im Herbst prächtig tieforange bis blutrot; Blüten cremeweiß, um 1 cm breit, zahlreich in flachen Schirmrispen; Apfelfrüchte kugelig, bis 8 mm dick, reif korallenrot; ✿ Mai–Juni, gelegentlich noch einmal im September.

Wo zu finden: An hellen Standorten auf nährstoffreichen, frischen, sauren bis mäßig basischen Lehm- und Steinböden. Von Nordspanien bis zum Kaukasus, fehlt in Südeuropa, in Deutschland von der Ebene bis in die Alpen auf 2000 m. Häufiges Ziergehölz in Parks und Gärten oder Straßenbaum.

Wie verwenden: Die meist mehrsamigen Früchte sind keine echten Beeren, sondern wie Apfelfrüchte aus Achsengewebe entstanden. Als Wildobst sind sie nur bedingt geeignet, da sie meist unangenehm schmeckende Gerbstoffe enthalten. Allerdings gibt es heute auch gerbstofffreie Sorten. Verwendung ähnlich wie Mehlbeeren (Seite 44) und Speierling.

Die Früchte enthalten die nach dieser Pflanzengattung benannte und schwach abführend wirkende Parasorbinsäure. Diese wird jedoch beim Kochen zerstört. Außerdem bietet der Gartenfachhandel heute parasorbinfreie Sorten an.

Wissenswert: Vom Gattungsnamen *Sorbus* leitet sich die Substanzbezeichnung Sorbit(ol) ab – ein zuckerähnlicher Stoff in allen Teilen der Pflanze, den man beispielsweise zur Kariesvorsorge in Süßwaren verwendet. Die Früchte sind bei Singvögeln sehr beliebt, aber auch bei Kleinsäugern wie Eichhörnchen und Bilchen (Siebenschläfer, Gartenschläfer).

ab August

Speierling

Sorbus domestica

Merkmale: Bis 20 m hoher Baum mit oft unregelmäßiger und dichter Krone; Rinde graubraun, später klein geschuppt; Blätter mit 13–21 Fiedern, diese länglich-elliptisch, scharf gezähnt, im unteren Drittel immer ganzrandig (Unterschied zur ähnlichen Eberesche!); Blüten cremeweiß, zahlreich in einer Schirmrispe, duften angenehm; Apfelfrucht lang gestielt, 2–3 cm lang, gelbgrün oder rotbräunlich, dunkler oder heller gepunktet, an der Sonnenseite stärker rot; ✿ Mai–Juni.

Wo zu finden: Bevorzugt mäßig trockene, meist kalkhaltige, sommerwarme, steinige Lehm- oder Tonböden. An hellen Standorten. Von Nordwestafrika über die Iberische Halbinsel und den Balkan bis nach Kleinasien; in Deutschland vor allem in der Weinbauregion angepflanzt.

Wie verwenden: Frisch geerntet schmecken die Früchte fade und säuerlich. Erst nach längerer Lagerung werden sie etwas teigig und dann als Obst genießbar. Den Saft verwendet man speziell bei der Apfelweinherstellung, entweder direkt oder zur reifenden Nachgärung. Speierlingsmost verbessert dessen Geschmack sowie die Haltbarkeit. Regional (so im Elsass) brennt man daraus nach Vergären einen Obstschnaps (Sorbette).

Wissenswert: Die angenehm duftenden Früchte ähneln mehr oder weniger einem kleinen Apfel oder einer Birne und werden im Volksmund Männlein und Weiblein genannt.

Die Art ist relativ selten und besonders schützenswert. Im eigenen Garten als Hausbaum bzw. Blickfang angepflanzt, wirkt sie dekorativ und ist als heimische Art ökologisch wertvoll.

ab September

Gewöhnlicher Mehlbeerbaum

Sorbus aria

Merkmale: Bis 12 m hoher Baum mit breiter, rundlicher Krone und feinschuppiger, grauer Rinde; Blätter länglich-oval, 6–9 cm lang und bis 6 cm breit, an der Basis keilförmig, ungleich doppelt gesägt, jedoch nicht gelappt, oberseits glänzend dunkelgrün, unterseits dicht silbrig behaart; Blüten reinweiß oder cremeweiß, bis 15 mm breit, zu mehreren in gewölbten Schirmrispen; Apfelfrüchte trocken-mehlig (Namen gebendes Merkmal), bis 1,5 cm lang, eiförmig, hochrot; ✿ Mai–Juni.

Wo zu finden: Bevorzugt lockere, sommerwarme, trockene, mäßig saure oder kalkhaltige Böden im Saum von Gebüschen und Wäldern. An hellen Standorten. Von Nordafrika über die Iberische Halbinsel bis zum nördlichen Balkan, in Deutschland vor allem in der Mittelgebirgsregion, in den Alpen bis 1500 m. Häufig als Park- oder Straßenbaum.

Wie verwenden: Die zunächst relativ fade schmeckenden Früchte hat man in Notzeiten gesammelt, vermahlen und als Mehlersatz verwendet. Nach dem Einfrieren verlieren sie ihren trocken-mehligen Geschmack und werden weich und süß. So eignen sie sich als Zusatz zu intensiver schmeckenden anderen Früchten in Kompotts, Marmeladen und Konfitüren. Getrocknet lassen sie sich auch wie Rosinen verarbeiten.

Wissenswertes: Im Herbst werden sie von Vögeln und Kleinsäugern kaum angenommen, bieten jedoch als Wintersteher eine wichtige Nahrungsreserve.

Die Art bastardiert gerne mit anderen *Sorbus*-Arten, etwa mit der Vogelbeere sowie mit der Elsbeere. In der Blattform stehen die gut erkennbaren Hybriden etwa in der Mitte zwischen den Elternarten. Ihre Früchte sind in gleicher Weise verwendbar.

ab September

Gewöhnliche Moosbeere

Vaccinium oxycoccos

Merkmale: Immergrüner, kriechender Zwergstrauch mit dünnen, biegsamen Ästchen, bis 80 cm lang; Blätter länglich oval, eingerollt, sehr klein, nur bis 10 mm lang, oberseits dunkelgrün und glänzend, unterseits blaugrün bereift; Blüten blassrosa oder kräftiger rötlich, in endständigen Trauben; Beere bis 1 cm dick, gelb- oder hochrot, saftig, vielsamig, essbar; ✿ Mai–Juli.
Wo zu finden: Auf Moospolstern in Hochmooren. Nord- und Mitteleuropa, selten im Südwesten, von der Niederungslandschaft bis etwa 1300 m. Häufig nur in den Tundrengebieten Skandinaviens. In Deutschland sehr selten und fast nur in Naturschutzgebieten – daher an diesen Standorten auf keinen Fall sammeln!
Wie verwenden: Die attraktiven, aber ziemlich herbsauren Früchte schmecken erst nach kräftigem Frost. Man verwendet sie wie Preiselbeeren als Fruchtmus, Konfitüre oder in Marinaden für Fleischgerichte. Als vollwertige Alternative empfehlenswert ist die ähnliche, aus Nordamerika stammende und dort kultivierte Großfrüchtige Moosbeere, Krannbeere oder **Cranberry** (*Vaccinium macrocarpon*) mit bis zu 2 cm dicken Beeren, die in Mitteleuropa selten eingeschleppt ist (Nordseeinseln, Schwarzwald, Bayern, Schweiz). Sie ist – oft tiefgefroren, aber auch getrocknet – im Fruchthandel erhältlich.
Wissenswert: Moosbeeren, auch Moorbeeren genannt, sind außerordentlich vitamin- und mineralstoffreich.
In Skandinavien kommt die Art in vielen Gebieten massenhaft vor. Hier ist sie als Erstlingsnahrung für die im Frühjahr zurückkehrenden Vogelarten besonders wichtig, denn die Früchte überdauern den Winter und kommen nach der Schneeschmelze wieder zum Vorschein.

ab August

Preiselbeere

Vaccinium vitis-idaea

Merkmale: Immergrüner Zwergstrauch, bis 30 cm; Blätter elliptisch bis oval, bis 2 cm lang, glattrandig, oberseits glänzend dunkelgrün, unterseits hellgrün mit dunkleren Punkten (Unterschied zur unterseits netznervigen Bärentraube); Blüten krugförmig, cremeweiß, leicht rosa überlaufen; Beerenfrucht kugelig, bis 1 cm groß, anfangs weißlich, reif scharlachrot, essbar; ✿ Mai–Juli.

Wo zu finden: Moorränder, lichte Nadelwälder, Zwergstrauchheiden. Nord- und Mitteleuropa, stellenweise auf den Apenninen und im Balkan, Kaukasus, Grönland, Nordamerika von Neufundland bis Alaska. In Deutschland als Wildpflanze eher selten, aber in Gärten leicht zu kultivieren. In Südskandinavien gibt es Preiselbeerplantagen.

Wie verwenden: Die leicht säuerlich schmeckenden Preiselbeeren sind sehr reich an Vitamin C. Man verarbeitet die erntefrischen Früchte mit reichlich Zucker zu Mus, Kompott, Chutneys oder Konfitüre. Gedünstet eignen sie sich hervorragend zu Geflügel, Wild oder anderen Fleischgerichten. Sie lassen sich auch gut mit Ananas, Äpfeln, Birnen und Zitrusfrüchten kombinieren.

Wissenswert: Die Blätter der ähnlichen Bärentraubenarten sind unterseits netznervig. Die Art wird regional auch Kronsbeere genannt, die namentlich nicht mit der Krannbeere (Seite 45) zu verwechseln ist.

Preiselbeeren sind als interessante Strauchart auch für den eigenen Garten sehr zu empfehlen und in der Kultur einfach. Der Gartenfachhandel bietet sogar mehrere Sorten an.

ab August

Trauben-Holunder, Roter Holunder

Sambucus racemosa

Merkmale: Locker belaubter Strauch, 1–4 m hoch; Rinde mit großen Korkwarzen; Mark rostbraun; Blätter gegenständig, gefiedert, lang gestielt, Fiedern schmal-lanzettlich, schlanker als beim Schwarzen Holunder (Seite 86), oberseits matt dunkelgrün, unterseits bläulich, beim Zerreiben von unangenehmem Geruch; Blüten hellgelb, klein, duften angenehm, zahlreich in gedrungenen Rispen; Steinfrüchte kugelig, etwa erbsengroß, scharlachrot, saftig; ✿ April–Mai.

Wo zu finden: Liebt sonnige bis halbschattige Standorte auf nährstoffreichen Lockerböden, lichte Gebüsche und Nadelforsten, Nadelwälder, Schlagfluren, Säume, Flurgehölze und Wegränder. Mittel- und Südeuropa, in Skandinavien nur aus Kulturen verwildert, Vorderasien bis Nordchina, meist in den unteren und höheren Mittelgebirgslagen, in den Alpen bis 1400 m.

Wie verwenden: Die Früchte können wie die des Schwarzen Holunders (Seite 86) verwendet werden. Das Fruchtfleisch immer erst erhitzen. Aufgepasst: Die Steinkerne darf man nicht verwenden, denn sie sind wie die übrigen Pflanzenteile leicht giftig – sie rufen starken Brechreiz hervor.

Wissenswert: Die Art nennt man regional auch Berg- oder Hirsch-Holunder. Die Früchte werden von vielen Vogelarten konsumiert. Insofern ist die Art ein wichtiges Vogelschutzgehölz.

Achtung!

Vom Roten Holunder keine Teile roh und auf keinen Fall die Samen verzehren!

ab Juli

Gewöhnlicher Seidelbast

Daphne mezereum

Merkmale: Sommergrüner, wenig verzweigter Kleinstrauch mit rutenförmigen, biegsamen Zweigen, 0,4–1,5 m hoch; Blätter länglich-lanzettlich, stumpf oder leicht zugespitzt, an der Basis keilförmig, an den Zweigenden büschelig gehäuft, 3–8 cm lang, oberseits lebhaft grün, unterseits einheitlich graugrün oder bläulich; Blüten büschelig, erscheinen vor dem Laubaustrieb, duften stark und angenehm, Krone fehlt, stattdessen kronblattartig gefärbte Kelchblätter, rosapurpurn bis karminrot; Steinfrüchte erbsengroß, korallenrot; ✿ Februar–April, ab Juni.
Wo zu finden: Schattige Gebüsche und Laubmischwälder. In Europa weit verbreitet, vor allem im höheren Mittelgebirge, in den Alpen bis 2000 m, fehlt im Tiefland, in Sorten als Ziergehölz in Gärten und Parks.
Wissenswert: Die Früchte enthalten Diterpene und sind für Vögel völlig ungefährlich; die Giftstoffe wirken nur bei Säugern. Der Verzehr führt zu sehr schmerzhaften Schleimhautreizungen und blutigen Durchfällen. Der Saft zerquetschter Früchte löst auch äußerlich Hautreizungen aus. Obwohl Seidelbast so gefährlich giftig ist, schätzt man ihn wegen seiner Schönheit. Ähnlich giftig sind auch die übrigen, meist im Gebirge beheimateten Arten der Gattung wie **Gestreifter Seidelbast** (*Daphne striata*) und **Rosmarin-Seidelbast** (*Daphne cneorum*).
Alle Arten der Gattung sind als Wildpflanzen geschützt. Für den eigenen Garten bietet der Fachhandel verschiedene Sorten an, die man aber nicht dort anpflanzen sollte, wo sie von Kindern erreichbar sind.

stark giftig

Meerträubel

Ephedra distachya

Merkmale: Immergrüner, sehr dicht verzweigter, kleiner, buschiger Strauch, bis etwa 1 m hoch, mit meist liegenden oder wirr aufsteigenden Ästen; Zweige dünn rutenförmig, frisch- oder graugrün, mit höchstens 2 mm schuppenförmigen Blättern, die am Grunde fest miteinander verbunden sind, mit grünem Mittelstreif und trockenhäutigen Rändern; Blüten grünlich gelb, zweihäusig, männliche Blütenstände trauben- bis zapfenförmig mit meist 7–16 kleinen Einzelblüten, weibliche Blüten meist nur zu 2–3 mit 6 Hoch- oder Hüllblättern. Die Hüllblätter werden bei der Reife fleischig und bilden zusammen eine erbsengroße, kugelige, leuchtend rote Scheinbeere; ✿ Juni, Samenreife ab August.

Wo zu finden: Trockene, felsige Hänge, steinige Flussufer, ungestörte Trockenfluren. Vor allem in Südeuropa, nördlich bis Frankreich und in die Schweiz. Sonst kommt er eher selten natürlich vor und wird kaum als Ziergehölz verwendet.

Wissenswert: Alle Teile enthalten das nervenwirksame Amin Ephedrin, das sich aus dem Stoffwechsel der aromatischen Aminosäuren ableitet und zentralnervös stark anregend wirkt. Dieser Wirkstoff wurde früher medizinisch vielfältig eingesetzt, wegen seiner bronchienerweiternden und zentralnervösen Eigenschaften vor allem in speziellen Zubereitungen gegen Krampfhusten und bei asthmatischen Beschwerden. Heute ist Meerträubel nur noch Bestandteil homöopathischer Rezepturen, beispielsweise bei der Behandlung der Basedow'schen Krankheit.

giftig

Pfaffenhütchen

Euonymus europaea

Merkmale: Strauch oder kleiner Baum, dicht und sparrig verzweigt, 2–6 m hoch; Triebe grünlich, mitunter mit schmalen Korkleisten; Blätter gegenständig, oval-lanzettlich, zugespitzt, gestielt, 5–8 cm lang und 2–3 cm breit, glattrandig oder unauffällig gekerbt, im Herbst attraktiv kupfer- bis karminrot; Blüten sehr unauffällig, grünlich, um 1 cm breit, lang gestielt, traubig in den Blattachseln, duften schwach, Kapsel 4-klappig, reif karminrot, Samen groß, weißlich, in der Kapsel von einem kontrastreich orangeroten Samenmantel umgeben, bleiben am Dach der geöffneten Kapsel eine Weile hängen; ✿ Mai–Juni, ♁ ab September.

Wo zu finden: Feldgehölze, Wald- und Wegränder, auch als Ziergehölz in Hecken, Parks und Gärten. In Europa weit verbreitet.

Wissenswert: Das gelbliche Holz wurde früher zu hochwertiger Zeichenkohle und verschiedenen Drechslerprodukten (Spindeln, Instrumentenbauteile) verarbeitet. Die Früchte werden von Elstern, Staren, Drosseln, Rotkehlchen und anderen Singvögeln sehr gerne verzehrt, denn die darin enthaltenen Giftstoffe wirken nur auf Säugetiere und sind für Vögel ungefährlich. Vor allem in den Samen sind herzwirksame Digitaloide (Cardenolide) und Alkaloide enthalten, die Krämpfe auslösen können. Etwa eine Handvoll Samen ist für einen Erwachsenen tödlich. In Blättern und Rinde sind geringere Giftmengen enthalten.
Wegen ihrer ausgesprochen dekorativen Wirkung – die Laubblätter verfärben sich im Herbst kräftig gelb bis karminrot – verdient die Art mehr Beachtung für die Bepflanzung von Privatgärten, aber nur an Stellen, die für Kinder nicht erreichbar sind. In der Homöopathie werden die Früchte gelegentlich gegen Kopfschmerzen verwendet.

☠ giftig

Flügel-Spindelbaum

Euonymus alata

Merkmale: Bis 4 m hoher, dicht verzweigter Strauch mit zuletzt ausladender Krone; Zweige grün, kahl, fast immer mit 4 schmalen, flügelartigen Korkleisten; Blätter oval bis elliptisch, 3–5 cm lang, an beiden Enden verschmälert bis zugespitzt, fein und scharf gesägt, oberseits dunkelgrün, unterseits etwas heller, im Herbst dekorativ dunkelrot; Blüten unauffällig grünlich oder hellgelb, zu meist 3 in kurz gestielten Rispen; Kapselfrucht 4-klappig, gelegentlich auch nur 1- oder 2-klappig, reif purpurn; Samen braun, mit kräftig orangefarbenem Samenmantel, der zur Kapsel keinen besonders harmonischen Farbkontrast bildet; ✿ Mai–Juni, ab Juli.

Wo zu finden: Ursprünglich in Ostasien (China, Japan, Korea), ziemlich häufig in größeren Gärten und in Parkanlagen als Ziergehölz.

Wissenswert: Diese Art ist ähnlich giftig wie der heimische Gewöhnliche Spindelbaum (Seite 50). Das trifft auch auf den in öffentlichen Grünanlagen gerne angepflanzten **Kletter-Spindelstrauch** (*Euonymus fortunei*) mit weißen Kapselfrüchten zu. Er wird dort zwar als Bodendecker verwendet, aber an geeigneten Unterlagen wie Efeu kann er viele Meter hoch klettern. Neben diesen beiden fremdländischen Spindelbaumarten sind viele weitere sämtlich aus Ostasien stammende in Gärten und Parks zu finden. Auch diese Zierarten sind in ihrer Giftwirkung ähnlich zu bewerten wie die vorgenannten heimischen Arten.

giftig

Breitblättriger Spindelbaum

Euonymus latifolia

Merkmale: Strauch mit aufrechten, sparrigen, aschgrauen Ästen, bis 5 m hoch; Äste und Zweige glatt, rutenförmig, rund oder leicht zusammengedrückt; Blätter länglich-oval, fein zugespitzt, gegenständig, 6–12 cm lang und bis 5 cm breit, bogennervig, dunkelgrün, nahezu glattrandig; Blüten bis 1 cm breit, Kronblätter grünlich, an den Rändern rot; Kapsel 5-klappig, kantig mit schmalem Flügelsaum; Samen weiß, mit orangerotem Samenmantel; ✿ Mai–Juni, ab September.

Wo zu finden: Krautreiche Mischwälder, Kahlschläge. Gebirge Mitteleuropa, Pyrenäen, Alpen, Apenninen, Balkan, Karpaten und Kaukasus, auch in Gärten gepflanzt.

giftig

Warzen-Spindelbaum

Euonymus verrucosa

Merkmale: Sommergrüner Strauch mit abstehenden Ästen, bis 2 m; Triebe mit großen, dunkelbraunen Korkwarzen; Blätter oval-lanzettlich, zugespitzt; Blüten grünlich, dunkelrötlich punktiert, 6–10 mm breit, zu 2–3 in lang gestielten Trauben, Kapsel 4-klappig gelbrot, Samen schwarz, vom roten Samenmantel unvollständig umhüllt; ✿ Mai–Juni, ab September.

Wo zu finden: Felsgebüsche, Wälder, Säume. Südöstliches Mittel- und Osteuropa, von Polen und Österreich bis zum Ural. Wegen des prächtigen Herbstlaubes und Fruchtschmucks gerne als Zierstrauch gepflanzt.

Wissenswert: Vögel verzehren die Früchte unbeschadet, da ihr Stoffwechsel die Inhaltsstoffe entgiftet.

giftig

Fächer-Zwergmispel

Cotoneaster horizontalis (Foto)

Merkmale: Kleiner Strauch mit flach ausgebreiteten Ästen und fischgrätig angeordneten Zweigen, um 0,5 m; Blätter 2-zeilig, kurz gestielt, 5–12 mm lang, breit elliptisch, oberseits dunkelgrün glänzend, im Herbst scharlachrot; Blüten cremeweiß oder blassrosa, zu 1–2 in den Blattachseln; Früchte scharlachrot; ✿ Mai–Juni, ⍥ ab August.
Wo zu finden: Heimisch in Ostasien (Westchina). In Europa ist die Fächer-Zwergmispel häufig als Bodendecker angepflanzt und verwildert.
Wissenswert: Alle Teile enthalten Blausäure abspaltende Glykoside und sind deshalb leicht giftig. Gleiches gilt auch für andere gärtnerisch verwendete Arten wie die **Teppich-Zwergmispel** (*Cotoneaster dammeri*).

☠ *schwach giftig*

Felsen-Zwergmispel

Cotoneaster integerrimus

Merkmale: Kleiner Strauch, bis 1 m, junge Triebe filzig; Blätter an beiden Enden verschmälert, fast 2-zeilig, 2–5 cm lang und um 3 cm breit, oberseits dunkelgrün, unterseits dicht weiß- bis graufilzig behaart; Blüten blassrot, glockig, klein, einzeln oder zu wenigen in Trauben; Frucht erbsengroß, scharlachrot, leicht giftig; ✿ April–Mai, ⍥ ab August.
Wo zu finden: Felsen, steinige Hänge, trockene Böden und Geröllhalden in sonniger Lage. In Europa weit verbreitet, in den Alpen bis 2000 m.
Wissenswert: Alle Teile und insbesondere die Samen enthalten Blausäure abspaltende Glykoside.

☠ *giftig*

Wald-Geißblatt

Lonicera periclymenum

Merkmale: Ausnahmsweise rechtswindender Schlingstrauch, reich verzweigt und ziemlich dichtlaubig, etwa 4–5 m hoch; Blätter sitzend, gegenständig, 4–6 cm lang, spitz oder leicht gerundet, länglich-oval, mit kräftiger Mittelrippe, alle frei, ohne gegenseitige Verwachsungen, oberseits dunkelgrün, unterseits etwas bläulich; Blüten bis 6 cm lang, mit langer, schlanker Kronröhre, vor der Öffnung rötlich, nach dem Aufblühen gelb, dunkelt nach erfolgter Bestäubung bald merklich nach, zu mehreren in endständiger Dolde, Staubblätter und Griffel so lang wie der Kronsaum; Doppelbeeren kugelig, oft ungleich groß, hochrot, glänzend, mehrsamig, tragen am oberen Ende ein kleines Krönchen aus den bleibenden Kelchblattresten; ✿ Mai–August, ⍥ ab August.

Wo zu finden: Hecken, Gebüschsäume, Waldränder, Schlagfluren, Heiden. In Europa von Südskandinavien bis in den Mittelmeerraum (Nordafrika) weit verbreitet, häufig auch als Ziergehölz angepflanzt.

Wissenswert: Besonders gegen Abend duften die Blüten sehr intensiv und angenehm. Sie werden dann vorzugsweise von langrüsseligen Nachtfaltern (vor allem von Schwärmerarten) besucht und bestäubt. Die einladenden, attraktiven Früchte sind giftig und enthalten verschiedene Alkaloide sowie Triterpensaponine. Wenn man größere Mengen davon schluckt, treten Krämpfe, Erbrechen und schwere Durchfälle auf. Für Vögel sind die Früchte unbedenklich.
Die meisten sich windenden Pflanzen winden sich gegen den Uhrzeigersinn. Auf den abweichenden Windungssinn des Wald-Geißblatts hat bereits der erstaunlich pflanzenkundige William Shakespeare im „Sommernachtstraum" hingewiesen. Als Rechtswinder bewegt sich die wachsende Sprossachsenspitze rechtsherum und damit im Uhrzeigersinn.

☠ *giftig*

Garten-Geißblatt

Lonicera caprifolium

Merkmale: Rechtswindender Schlingstrauch (Ausnahme unter den Kletterpflanzen!), oft mehr als 5 m hoch; Triebe abstehend behaart, später kahl und weißlich bereift, Zweige hohl; Blätter gegenständig, kurz gestielt bis sitzend, breit-oval, bis 10 cm lang und 5 cm breit, stumpf, oberseits matt dunkelgrün, unterseits deutlich heller und leicht bläulich; die oberen Blätter sind am Grunde jeweils paarweise miteinander verwachsen und bilden am Zweigende einen eigenartigen Teller; Blüten cremeweiß, nach vorne mitunter auch leicht rötlich, mit 3 cm langer, eng trichteriger Kronröhre; Früchte bilden entweder dichte Quirle an den Zweigenden oder stehen sich paarweise als Doppelbeeren gegenüber, rundlich-elliptisch, mitunter ungleich groß, hochrot; ✿ Mai–Juli, ⏱ ab Juli.

Wo zu finden: Lichte Wälder, sonnige Gebüsche. Ursprünglich in Südosteuropa vom Balkan bis zum Schwarzmeergebiet, in Mittel- und Westeuropa häufig gärtnerisch in Parkanlagen oder auf Friedhöfen als dekoratives Ziergehölz verwendet und daher an vielen Stellen fest eingebürgert.

Wissenswert: Die Art ist wegen des raschen Wachstums durch Winden auch unter dem Namen Jelängerjelieber bekannt. Vor allem ihre hübschen Früchte enthalten verschiedene Alkaloide und Saponine, die zusammen heftige Beschwerden im Verdauungstrakt auslösen können. Lebensbedrohliche Zustände sind nur nach Aufnahme größerer Fruchtmengen zu erwarten. Windet sich wie das Wald-Geißblatt rechtsherum. Wie legt man den Windungssinn fest? Stellen Sie sich vor, die wachsenden Sprossachsen seien eine Wendeltreppe, auf der Sie nach oben steigen – Sie bewegen sich darauf in Rechtsbögen und demnach im Uhrzeigersinn.

☠ *giftig*

Rote Heckenkirsche

Lonicera xylosteum

Merkmale: Reich verzweigter Strauch, bis 3 m hoch; Triebe kurz und weich behaart; Äste und Zweige ohne Mark und daher hohl; Blätter gegenständig, kurz gestielt, 3–6 cm lang, oval, schwach anliegend weichhaarig; Blüten weißlich, außen rötlich, paarweise in den oberen Blattachseln, 1–1,5 cm lang; Doppelbeere erbsengroß, dunkelrot, glänzend, saftig; ✿ Mai–Juni, ⏻ ab Juli.

Wo zu finden: Laub- und Nadelmischwälder mit krautigem Unterwuchs, Waldränder, Schlagfluren, Gebüsche, Hecken, gerne auf humusreichem, leicht kalkhaltigem Boden. Mitteleuropa bis Mittelasien, fehlt in Norddeutschland, im Gebirge bis etwa 1500 m. Häufig als Ziergehölz, in Straßenrandbepflanzungen oder zur Befestigung von Böschungen verwendet.

Wissenswert: Der wissenschaftliche Artname *xylosteum* bedeutet wörtlich Beinholz. Er verweist einerseits auf das buchstäblich beinharte, feste Holz, das man früher für Drechslerarbeiten verwendete, andererseits auf die an Hohlknochen erinnernden Äste und Zweige. Die reifen Früchte enthalten die gleichen Inhaltsstoffe wie die der übrigen Heckenkirschen. Sie gelten nur als mäßig giftig, verursachen aber Übelkeit und Erbrechen.

Achtung!

In Parkanlagen, in Straßenbegleitgehölzen und auch entlang von Privatgärten werden mehrere und recht ähnlich aussehende Heckenkirschen-Arten als Ziergehölze angepflanzt, darunter vor allem die recht ähnliche **Tataren-Heckenkirsche** (*Lonicera tatarica*). Auch deren Früchte nicht verwenden – alle gelten als giftverdächtig.

schwach giftig

Alpen-Heckenkirsche

Lonicera alpigena

Merkmale: Nur wenig verzweigter, ziemlich aufrechter kleinerer Strauch, 1–3 m hoch; Triebe 2-kantig, nur wenig behaart; Zweige hohl und kantig; Blätter länglich-elliptisch, gegenständig, gestielt, bis 10 cm lang, spitz, glattrandig; Blüten paarweise auf 2–5 cm langem Stiel in den Blattachseln, trichterförmig, rötlich, Kronröhre etwas höckrig und deutlich kürzer als die Kronzipfel, gelb oder leicht grünlich; Doppelbeere etwa 1–1,5 cm breit, glänzend hoch- bzw. kirschrot; ✿ Mai–Juli, ⍥ ab August.

Wo zu finden: Hochstauden- und Schlagfluren, krautreiche Bergmisch- und Schluchtwälder, Säume und Wege, gerne auch entlang von Bergbächen, meist auf kalkreichem und etwas steinigem Boden. Gebirge Mittel- und Südeuropa von den Pyrenäen bis zum Balkan, in den Alpen bis 2300 m, in Deutschland nur nördlich der Donau und im Schwarzwald. Fehlt auf den Britischen Inseln und in Nordeuropa. Wird nur relativ selten gärtnerisch als Ziergehölz verwendet.

Wissenswert: Die schmucken Blüten werden fast ausschließlich von Bienen und Wespen besucht, die Früchte von Singvögeln und Baumschläfern geerntet, denen die giftigen Inhaltsstoffe nichts ausmachen. Beim Menschen können sie starke Beschwerden in den Verdauungsorganen hervorrufen.

Ein besonderes Merkmal der Heckenkirschen sind ihre eigenartigen Doppelbeeren. Bei dieser Art verwachsen die beiden eng benachbarten Beeren zu einem einheitlichen und besonders kirschenartigen Gebilde, das uns – wie das Foto zeigt – folglich doppeläugig anschaut.

☠ giftig

Stechpalme, Hülse

Ilex aquifolium

Merkmale: Immergrüner, meist stark verzweigter und dichtlaubiger Strauch oder kleiner Baum mit aufrechten Ästen und Zweigen, bis 10 m hoch; Triebe grün, längs gerieft; Rinde an Ästen und Stämmen glatt und grau; Blätter auffällig lederig-derb, länglich-oval, an jeder Seite mit fünf oder mehr langen, dornigen Stachelspitzen, dazwischen gebuchtet, 5–9 cm lang, oberseits glänzend dunkelgrün, unterseits matt hellgrün; Blüten unauffällig weiß, mitunter rötlich überlaufen, zweihäusig; Steinfrüchte beerenartig, erbsengroß, kugelig, scharlachrot; ✿ Mai–Juni, ♁ ab Oktober.

Wo zu finden: Lichte Laubwälder und Gebüsche. Atlantisches Westeuropa, westliches und zentrales Mittelmeergebiet, Nordafrika, Vorderasien, in Deutschland im Bereich des Mittelgebirgsgürtels fast nur westlich des Rheins, im nördlichen Tiefland und im Alpenvorland auch weiter östlich. Häufig in Sorten als Ziergehölz in Parks und Gärten angepflanzt. Einige Sorten haben glattrandige Blätter ohne Stachelspitzen.

Wissenswert: Die Stechpalme ist das einzige heimische immergrüne Laubgehölz. Steht sie frei, so kann sie sich in wintermilden Gebieten auch zu einem Baum entwickeln. Die Blüten liefern Nektar für zahlreiche Hautflügler, die Früchte werden gerne von Drosseln verzehrt. Für den Menschen sind sie giftig. Neben anderen Substanzen enthalten sie Purinalkaloide, die Erbrechen, Durchfälle und andere Beschwerden der Verdauungsorgane auslösen.

Von Natur aus ist die Art zweihäusig, die Pflanzen also entweder männlich oder weiblich, wobei sich in den Blüten jedoch die Anlagen des jeweils anderen Geschlechts finden. Der Gartenfachhandel bietet auch funktionell zwittrige Formen an, die jedes Jahr zuverlässig fruchten.

☠ *giftig*

Eibe

Taxus baccata

Merkmale: Immergrüner breitbuschiger Nadelstrauch bis 7 m oder kegelförmig wachsender Baum bis 15 m; Nadelblätter 2–4 cm lang und bis 3 mm breit, abgeflacht und lederig, allmählich zugespitzt, oberseits glänzend dunkelgrün; Blüten zweihäusig, männliche kugelig bis oval, zahlreich an der Unterseite vorjähriger Zweige, weibliche Blüten einzeln, unauffällig bräunlichgelb; Samen bläulich schwarz, zur Reifezeit von einem fleischigen, karminroten Samenmantel umgeben; ✿ Februar–März, ⚲ ab August.
Wo zu finden: Tiefgründige, lockere, nährstoffreiche Böden, meist einzeln im Unterwuchs von Buchen- und Mischwäldern, von der Ebene bis etwa 1500 m. Portugal, Madeira, Westfrankreich, Britische Inseln, Südskandinavien, Mittelgebirge Mitteleuropas, Alpen, Karpaten, Korsika, Sardinien und nördlicher Balkan, ferner in einzelnen Verbreitungsinseln in Vorderasien. In zahlreichen Gartenformen angepflanzt.

Wissenswert: Da die Nadeln der Eiben keine Harzkanäle aufweisen, verströmen sie beim Zerreiben keinen besonderen Duft. Alle Teile der Pflanze, besonders die älteren Nadeln, sind durch nervenwirksame Diterpene von alkaloidähnlicher Struktur stark giftig. So können sie Atemlähmungen hervorrufen, an denen der Mensch stirbt. Insbesondere für Pferde sind Eibenzweige außerordentlich gefährlich. Nur die leuchtend roten Samenmäntel sind ungiftig – sie schmecken relativ süß, aber fallweise etwas kratzend. Sie werden gerne von Drosseln und Kleinsäugern verzehrt.
Eiben gehören zu am ältesten werdenden europäischen Nadelhölzern. Einzelne Exemplare in den Allgäuer Alpen werden auf über 2000 Jahre geschätzt. Ein in Schottland wachsendes Exemplar soll sogar rund 5000 Jahre alt sein.

☠ *stark giftig*

Mäusedorn

Ruscus aculeatus

Merkmale: Immergrüner, horstförmig wachsender Kleinstrauch mit starren aufrechten Ästen, um 1 m hoch; die dunkelgrünen, lederigen und unangenehm stachelspitzigen Organe sehen zwar wie Laubblätter aus, sind aber tatsächlich stark abgeflachte, verkürzte, aber auffällig verbreiterte Seitenzweige (Flachsprosse oder Phyllokladien); sie sitzen in der Achsel schuppig vereinfachter, winziger und etwas häutiger Blätter und tragen ihrerseits in der Mitte die winzigen Blüten; Blüten zweihäusig, unauffällig grünlich violett, um 2 mm breit; Beerenfrucht scheinbar blattflächenständig, kugelig, reif leuchtend korallenrot, bis 1 cm dick, ungenießbar; ✿ März–April, ⍥ ab Juli.

Wo zu finden: Gebüsche, halbschattige Wälder. Südeuropa, Kanarische Inseln, in Westfrankreich und Großbritannien aus Gartenkultur verwildert und eingebürgert. Gärtnerisch wird die Art nördlich der Alpen nur als dekorative Kübelpflanze verwendet, da sie nicht genügend winterfest ist. Die fruchttragenden Zweige werden zunehmend auch für Trockensträuße verwendet.

Wissenswert: Ähnlich wie die roten Beeren unseres **Gemüse-Spargels** (*Asparagus officinalis*) enthalten auch die Mäusedorn-Beeren relativ geringe Mengen an Steroidsaponinen, die allenfalls mäßige Beschwerden im Verdauungstrakt hervorrufen. Die Toxizität ist also eher als gering einzustufen. Mäusedorn-Fruchtextrakte werden pharmakologisch in Zubereitungen gegen Venenerkrankungen verwendet.

☠ *ungenießbar*

Bittersüßer Nachtschatten

Solanum dulcamara

Merkmale: Halbstrauch mit liegendem, aufsteigendem oder kletterndem Stängel, zumindest im unteren Drittel verholzt, 0,5–4 m hoch; Triebe und Zweige rundlich oder undeutlich kantig; Blätter lang gestielt, einfach und im Umriss lanzettlich oder an der Basis mit 1–2 fiederartigen Lappen, glattrandig, kahl; Blüten 1–2 cm breit, zu mehreren in lockeren, hängenden Rispen, Krone dunkel blauviolett, mit 5 weit zurückgeschlagenen, spitzen Zipfeln; die chromgelben, kegelig zusammengeneigten Staubblätter bilden dazu einen sehr lebhaften Farbkontrast; Beerenfrucht 0,7–1 cm lang, anfangs grünlich, dann gelborange und reif scharlachrot, glänzend und leicht eiförmig; ✿ Juli–August, ⥀ ab August.

Wo zu finden: Ufer, feuchte Wälder, Hecken, Auenwälder, gerne auf stickstoffreichem Boden. Der Bittersüße Nachtschatten ist in Europa weit verbreitet.

Wissenswert: Von dieser Pflanzenart sind chemische Rassen bekannt, die sich im Giftgehalt ihrer Beeren deutlich unterscheiden. Giftige Inhaltsstoffe sind wie bei allen Nachtschattengewächsen die Steroidalkaloide. Die noch leicht unreifen Früchte schmecken zunächst sehr bitter, mit zunehmender Reife angenehm süßlich. Die Gefährlichkeit für den Menschen wird unterschiedlich beurteilt und ist umstritten. Typische Symptome, die erst längere Zeit nach dem Verzehr auftreten, sind Übelkeit mit Brechreiz und starke Bauchschmerzen. Sicherheitshalber lieber nicht ernten.

Die Art ist der einzige mitteleuropäische Vertreter der weltweit bemerkenswert artenreichen Gattung, der zumindest an der Sprossachsenbasis verholzt. Die Windungsrichtung der kletternden Triebe ist offenbar nicht strikt festgelegt.

giftig

Gewöhnliche Schmerwurz

Tamus communis

Merkmale: Mehrjährige, krautige Pflanze mit lianenartig sich windendem Stängel und dickem, kriechendem Wurzelstock, 1–3 m lang; Blätter bogennervig und verschieden gestaltet: schmal lanzettlich, oval, herzförmig oder 3-lappig, glattrandig, spitz, lang gestielt, am Grunde mit derbem, hornartigem Nebenblatt; Blüten unscheinbar grünlich weiß, einhäusig, männliche mit glockiger, weibliche mit freiblättriger Blütenhülle, zu mehreren in Trauben in den oberen Blattachseln; Beerenfrucht kugelig-oval mit kurzer Spitze, 1–1,5 cm dick, anfangs grünlich, dann orangegelb, reif glänzend scharlachrot; ✿ Mai–Juni, ⊙ ab Juli.

Wo zu finden: Gebüsche, Krautsäume, Waldränder, Auengehölze, gerne auf lockeren, kalkhaltigen Böden. In Süd- und Südosteuropa weit verbreitet, in Deutschland nur in sehr milden Lagen (Oberrheingebiet, Bodenseeregion) und eher selten.

Wissenswert: Alle Teile der Pflanze und vor allem die Beeren enthalten eine stark hautreizende Verbindung sowie (wenig) Alkaloide und Saponine. Nach Verzehr der Beeren treten Komplikationen im Magen-Darm-Trakt auf. Mit Extrakten aus dem Wurzelstock hat man sich früher gegen rheumatische Beschwerden eingerieben. Heute setzt man die Pflanze auch in der Homöopathie wegen unklarer Heilanzeigen kaum noch ein. Die Schmerwurz ist der einzige europäische Vertreter einer vor allem in den Tropen sehr artenreichen Familie, aus der man viele medizinisch interessante Wirkstoffe gewinnt.

☠ *giftig*

Gewöhnlicher Schneeball

Viburnum opulus

Merkmale: Buschiger Wildstrauch mit ausgebreiteten, etwas überhängenden Ästen, 1–4 m; Triebe graubraun, stumpfkantig bis rinnig, kahl; Blätter gegenständig, 2–3 cm lang gestielt, 3- bis 5-lappig, bis 10 cm lang und 8 cm breit, ungleichmäßig gezähnt, oberseits dunkelgrün und kahl, unterseits graugrün und schwach behaart, im Herbst tief weinrot; Blüten in breiten Schirmrispen, Randblüten mit großer, bis 2,5 cm breiter Krone und steril, Zentralblüten kleiner mit nur 3–4 mm breiter Krone und fertil; Steinfrüchte leuchtendrot; ✿ Mai–Juni, ⚲ ab August.

Wo zu finden: Frische bis feuchte, nährstoffreiche Lehm- und Tonböden, halbschattige Gebüsche, Waldränder, Auen, Bachufer, Wegsäume. In Europa weit verbreitet vom Tiefland bis in die Gebirgsstufe, in den Alpen bis 1700 m, ferner Nordafrika, Nord- und Westasien, häufig in Sorten in Gärten und im Straßenbegleitgrün angepflanzt, für Städte und Industriegebiete gut geeignet, da ziemlich unempfindlich gegen Abgase.

Wissenswertes: Die Früchte bleiben oft bis zum nächsten Frühjahr am Geäst und werden dann erst von Vögeln oder Kleinsäugern geerntet. Für den Menschen gelten die appetitlich aussehenden Steinfrüchte als ungenießbar bis schwach giftig, da sie Cumarine, Diterpene und Glykoside enthalten. Verschiedentlich wurden stärkere Beschwerden im Verdauungstrakt nach dem Verzehr beobachtet.

Den Blattstiel sollte man sich einmal genauer ansehen: An seiner Basis finden sich meist zwei fadenförmige Gebilde, die als stark reduzierte Nebenblätter gedeutet werden. Weiter oben – und nach dem Übergang zur Blattspreite – sitzen 2 bis 3 grüne Nektardrüsen, die wegen ihrer besonderen Position als „extraflorale Nektarien“ bezeichnet werden.

☠ *schwach giftig*

Gefleckter Aronstab

Arum maculatum

Merkmale: Mehrjährige, 15–50 cm hohe Pflanze; alle Blätter grundständig, lang gestielt, Spreite pfeilförmig, glänzend dunkelgrün, meist mit auffälligen, länglichen schwarzroten Flecken; ein bleichgrünes, tütenförmig gefaltetes Hochblatt schließt den eigenartigen, kolbenförmigen Blütenstand ein, männliche Blüten an dessen Basis, darüber die weiblichen; ✿ März–Mai, ⦶ ab Juli.
Wo zu finden: Laubwälder, Gebüsche, Auen. In Mittel- und Südeuropa verbreitet, in Deutschland vor allem im Mittelgebirgsraum.
Wissenswert: Das hellgrüne Hochblatt ist an seiner Basis zu einer Kesselfalle erweitert, die ihre Bestäuber (Schmetterlingsfliegen) kurz festhält. Die ausgesprochen attraktiven Beeren enthalten wie die übrigen Pflanzenteile Bündel stark haut- und schleimhautreizender Nadelkristalle (= Raphiden) aus Calciumoxalat, die im Mund ein starkes Brennen verursachen. Dadurch wird die Aufnahme gesundheitlich sehr kritischer Mengen eher unwahrscheinlich. Bei empfindlichen Personen kann die Berührung verletzter Pflanzenteile eine starke Kontaktdermatitis hervorrufen. Ebenso zu bewerten sind der in Laubwäldern vorkommende und sehr ähnliche **Dänische Aronstab** (*Arum danicum*) mit stets ungefleckten Blättern und vor allem der mediterran und in Westeuropa verbreitete **Mittelmeer-Aronstab** (*Arum italicum*), der zunehmend auch in Gärten als Zierpflanze verwendet wird.
Im Unterschied zu den meisten anderen heimischen Vertretern der Einkeimblättrigen, die sich, wie die Gräser, durch parallel- bzw. streifennervige Blätter auszeichnen, weist der Aronstab netznervige Blätter auf. Die normale Form hat meist ungefleckte Blätter. Im nördlichen Mitteleuropa dominiert allerdings eine Form mit deutlich fleckigen Blättern.

☠ giftig

Rotbeerige Zaunrübe

Bryonia dioica

Merkmale: Mehrjährige Pflanze mit rauem, kletterndem, dünnem Stängel, bis 3 m lang, befestigt sich an ihrer Wuchsunterlage mit anfangs geraden, später stark schraubig aufgewundenen und immer unverzweigten Ranken; Blätter gestielt, handförmig 5-lappig, meist glattrandig oder abschnittweise grob gesägt, mattgrün; Blüten unscheinbar, grünlich-weiß, zweihäusig, in den Blattachseln; Beeren unreif grün, reif scharlachrot, bei einer Varietät auch gelblich, etwa erbsengroß; ✿ Juni–September, ⍥ ab Juli.

Wo zu finden: Hecken, Gebüsche, Waldränder, Auengehölze, Gärten, Brachland, gerne auf lockeren Kalkböden. In Süd- und Mitteleuropa weit verbreitet und häufig, in Deutschland im Norden etwas seltener.

Wissenswert: Die Art wird auch Zweihäusige Zaunrübe genannt. Vor allem die Wurzeln und die attraktiv aussehenden Beeren enthalten das Nervengift Bryonin (Triterpenglykosid), das Herz und Atem lähmt. In geringerer Dosierung wirkt es drastisch abführend. Für Kinder können 15 Beeren tödlich sein. Vögel können dagegen die Beeren schadlos verzehren und tragen zur Samenausbreitung bei.

Achtung!

Die auffällig rübenartig verdickte und stark querrunzlig gezeichnete Wurzel kann mit Garten- oder Wildgemüse verwechselt werden, vor allem mit Rettich und Meerrettich, die aber beide eine fast glatte Wurzelrinde haben.

☠ *stark giftig*

Maiglöckchen

Convallaria majalis

Merkmale: Mehrjährige krautige Pflanze mit unterirdisch kriechendem Wurzelstock (Rhizom), aus dem sich jährlich die Laubblätter und der Blütenschaft erneuern, 5–20 cm hoch; Blätter breit-lanzettlich, meist nur zu 2, selten auch zu 3, glattrandig, 10–20 cm lang; Blüten weiß, glockig, um 5 mm breit, zu 3–9 in lockerer Traube an einem blattlosen Schaft, duften sehr angenehm; Beerenfrüchte etwa erbsengroß, kugelig, unreif grün, reif glänzend scharlachrot; ✿ Mai–Juni, ⥀ ab Juli.

Wo zu finden: Lichte Laubwälder (vor allem Eichenwälder), Gebüsche, Parkanlagen, Gärten, Felsschutt, bevorzugt lockere, kalkreiche Böden. In Europa weit verbreitet, in Deutschland aber nur noch stellenweise häufig und daher geschützt (Sammelverbot).

Verwechslung: Manchmal mit dem Bär-Lauch (Seite 132). Die Blätter des Maiglöckchens sind dünner, rauer, ungestielt und riechen keineswegs nach Knoblauch. Vorsicht ist bei der Riechprobe geboten, wenn die Finger bereits nach Bär-Lauch duften.

Wissenswert: Die Blätter können eventuell verwechselt werden mit denen des Bär-Lauchs (Seite 132), die Früchte mit denen der Preiselbeere (Seite 46). Das Maiglöckchen enthält in allen Teilen (vor allem in den Samen) herzwirksame Glykoside und Saponine, wobei Letztere starke Reizungen des Verdauungstraktes hervorrufen. Die sehr ähnliche und vergleichbar verbreitete **Schattenblume** (*Maianthemum bifolium*) gilt nicht als giftverdächtig. Beide Arten werden heute nur noch selten als Arzneipflanzen eingesetzt.

☠ *stark giftig*

Mahonie

Mahonia aquifolium

Merkmale: Immergrüner Zierstrauch, 0,5–1,5 m hoch; Blätter mit 5–9 elliptischen Fiedern, dornige Blattrandzähne, lederig derb, oberseits glänzend dunkelgrün, unterseits matt hellgrün; Blüten goldgelb, bis 1 cm breit, in dichten Trauben; Beerenfrüchte in hängenden Trauben, anfangs grünlich, reif tief blauschwarz und immer stark bereift; ✿ April–Mai.

Wo zu finden: Schattige, luftfeuchte Gebüsche und Bergwälder im nordwestlichen Nordamerika, gerne auf nährstoffreichen, feuchten Böden. Häufig als Ziergehölz verwendet, zunehmend in Gebüschen verwildert und eingebürgert.

Wie verwenden: Das Fruchtfleisch der Beeren ist rötlich und schmeckt relativ sauer. Die im Spätsommer geernteten Früchte sind in ihrer Verwendbarkeit genauso zu bewerten wie die der verwandten Berberitze (Seite 26). In der Literatur werden sie mitunter als giftverdächtig bezeichnet, was sich aber nach neuerer Forschung nicht bestätigt hat. Sie eignen sich nach reichlicher Zuckerung sehr gut für Fruchtgelees und Früchtekompotts, werden aber bislang noch sehr wenig verwendet. In ihrer amerikanischen Heimat stellt man daraus Obst- und Branntwein her.

Wissenswert: Auch Pflanzen können sich schnell bewegen: Die breiten gelben Staubblätter klappen nach Reizung ihrer Basis schlagartig zur Mitte zusammen. Sie können diese Reaktion, die man übrigens auch bei den nahe verwandten Berberitzen-Arten beobachtet, mit einem dünnen Grashalm oder sogar einer Kugelschreiberspitze auslösen. Dieser bemerkenswerte Mechanismus dient der optimalen Pollenkornbeladung der Blütenbesucher.

ab September

Schlehe, Schwarzdorn

Prunus spinosa

Merkmale: Sparrig verzweigter Wildstrauch mit kräftigen Dornen; Rinde an stärkeren Ästen und am Stamm schwarzbraun bis schwarz (Namen gebendes Merkmal!); Blätter elliptisch bis verkehrt-eiförmig, fein gesägt bis gekerbt, spärlich kurz behaart, oberseits matt dunkelgrün, runzlig, an der Spreitenbasis mit kleinen, unauffälligen Nektardrüsen; Blüten reinweiß mit zahlreichen Staubblättern, 1–1,5 cm breit; Steinfrucht kugelig, 1–1,5 cm groß, anfangs bläulich grün, zuletzt blauschwarz, stark bereift; ✿ März–April.

Wo zu finden: Saum von Wäldern und Gebüschen, in Feldgehölzen und Flurhecken, am Rande von Weinbergen, an Wegrändern und in trockeneren Flussauen. In Europa von Portugal bis zum mittleren Skandinavien, ferner in Nordafrika und Vorderasien, von der Ebene bis in mittlere Gebirgslagen um 1500 m.

Wie verwenden: Die Ernte nimmt man mit Blick auf die unverschämt spitzen Dornen am besten mit dickeren Handschuhen vor.

Das grünliche Fruchtfleisch ist sehr gerbstoffreich. Das besondere Aroma der Schlehenfrüchte entfaltet sich erst, wenn die Gerbstoffe chemisch gebunden sind – die dazu notwendigen geschmacksmildernden Frostnächte draußen kann man mit der Tiefkühltruhe ausgleichen: Beim Tiefgefrieren werden die Vakuolen im Fruchtfleisch zerstört, und deren Gerbstofffracht erledigt sich durch Anschlussreaktionen mit den übrigen Zellbestandteilen von selbst.

Reife, zuvor gefrostete Schlehenfrüchte verwendet man in aufgesetzten Fruchtschnäpsen bzw. im Rumtopf, als Saft und zu Wildbeerenkompotts. Schlehenfrüchte sind gut zu kombinieren mit Ananas, Birnen oder Bananen.

Wissenswert: Die Schlehenfrüchte sind offenbar schon von den Menschen der mittleren Jung-

ab Oktober

steinzeit gesammelt und verzehrt worden, denn die charakteristischen Steinkerne fand man vielfach in den Feuchtbodensiedlungen (Pfahlbausiedlungen) rund um die Alpen. Medizinisch nutzt man die abführende sowie harntreibende Wirkung der getrockneten Blüten.
Bei knallrot ausgefärbten Früchten versteht man sofort, warum die Vögel sie sofort finden und verzehren. Aber schwarzblaue? Sie erscheinen uns mit ihrem unauffälligen Äußeren eher perfekt getarnt. Für Vogelaugen stellen sie sich allerdings ganz anders dar: Die wachsigen, häufig etwas matt erscheinenden Fruchtbeläge reflektieren nämlich sehr stark das kurzwellige, für uns nicht sichtbare UV-Licht. Da die meisten Vögel jedoch UV-tüchtig sind, stechen ihnen gerade auch die vermeintlich düsteren Fruchtfarben besonders einladend in die Augen.

Rezept

Schlehenfeuer

500 g reife Schlehenfrüchte (nach Tiefgefrieren)
1 l Rotwein
1 l klarer Korn
4 EL weißer oder brauner Rum
400 g Zucker
1 TL Vanillezucker
1 TL Zitronensaft

Schlehen nach dem Waschen mit einer Kuchengabel löchern, mit Wasser bedecken, kurz aufkochen und abkühlen lassen. Anschließend mit Rotwein übergießen und etwa 8 Tage im Dunkeln ziehen lassen. Flüssigkeit durch ein Sieb passieren, mit (Vanille-)Zucker versetzen und kurz erhitzen. Nach dem Abkühlen Weizenkorn hinzugeben.

Heidelbeere, Blaubeere

Vaccinium myrtillus

Merkmale: Dichtblättriger Zwergstrauch, bis 50 cm; Äste nur an der Basis stärker verholzt; Zweige kantig und grün; Blätter länglich-oval, zugespitzt, an der Basis gerundet, fein gesägt, matt hellgrün, im Herbst oft prächtig goldgelb bis karminrot; Blüten krugförmig-glockig, grünlich weiß oder kräftiger rot (Foto links); Beerenfrucht saftig, blauschwarz, heller bereift; ✿ Mai–Juni.

Wo zu finden: Lichte Nadelwälder, Heiden, Moore. Mitteleuropa und Nordeuropa, im Süden nur in den Gebirgen, ferner arktische Tundren aller Nordkontinente.

Wie verwenden: Heidelbeeren gehören zu den bekanntesten und beliebtesten heimischen Wildfrüchten. Zur Reifezeit werden sie – überwiegend aus Vorkommen in Osteuropa – auch regelmäßig in großen Mengen auf den Obstmärkten angeboten. Die auch als Waldheidelbeeren bezeichneten Früchte schmecken deutlich aromatischer als die im Fachhandel angebotenen Kultursorten für die Gartenkultur. Man verwendet sie nach gründlichem Waschen roh als Frischobst, als Tortenfüllung oder Obstkuchenbelag (beispielsweise in der berühmten Elsässer Tarte aux Myrtilles). Durch Einkochen verarbeitet man sie zu Kompott, Gelee, Konfitüre oder Saft. Gedünstet eignen sie sich ähnlich wie Preiselbeeren (Seite 46) als Beilage zu Geflügel und Wild. Gebietsweise stellt man aus den Beeren auch Heidelbeerwein oder nach Destillation einen aromatischen Obstler her.

Verwechslung: Die Heidelbeere kann bei sehr flüchtigem Hinsehen mit der Einbeere (Seite 90) verwechselt werden.

Wissenswert: Die Art wird auch Blaubeere oder Bickbeere genannt. Für die Gartenkultur wird die aus Nordamerika stammende, bis 2 m hohe und relativ großfrüchtige **Strauch-Heidelbeere** (*Vaccinium corymbosum*) angeboten. Nach reich-

ab Juli

lichem Heidelbeergenuss bekommen Zähne und Zunge einen kräftigen Blaustich. Auf der Zunge verliert er sich in kurzer Zeit von selbst, von den Zähnen ist er mit der Zahnbürste leicht zu entfernen.

Vor dem Wintereinbruch werfen die Zwergsträucher ihre Blätter ab. Die kantigen Zweige sind jedoch wintergrün und betreiben bei günstigen Außenbedingungen (d. h. ohne Schneebedeckung) auch Photosynthese. Heidelbeeren kooperieren im Wurzelraum mit speziellen Pizen und bilden mit ihnen eine so genannte Pilzwurzel: Das Pilzmyzel vergrößert beträchtlich die Reichweite für Wasser sowie Mineralstoffe aus dem Boden und erhält umgekehrt dafür organische Nährstoffe aus der Pflanze.

Rezept

Heidelbeer-Marmelade

1 kg Heidelbeeren
1 kg Gelierzucker
1 unbehandelte Zitronenschale
40 ml Kirschwasser

Heidelbeeren gründlich wässern und verbliebene Blattreste oder Stielchen abschöpfen, dann im Sieb abtropfen lassen. Beeren und Zucker zusammen mit der dünn abgetrennten Zitronenschale im Kochtopf unter stetigem Umrühren erhitzen, schließlich 3–5 Minuten lang sprudelnd kochen. Zitronenschale entnehmen und Kirschwasser zugeben. Heiß in zuvor sauber (und heiß!) ausgespülte Schraubdeckelgläser geben und sofort verschließen.

Rauschbeere

Vaccinium uliginosum

Merkmale: Zwergstrauch mit liegenden Stämmchen und aufrechten, rundlichen, braunen Zweigen, bis 75 cm hoch; Blätter länglich-oval, oberseits mattgrün, unterseits blaugrün; Blüten glockig-krugförmig, cremeweiß, am Grunde intensiv rötlich; Beeren bis 1 cm groß, kugelig, mit farblosem Fruchtfleisch und Saft, blau bereift; ✿ Mai–Juli.

Wo zu finden: Hochmoore, Moorwälder, lichte Nadelwälder, Zwergstrauchheiden. Vor allem in den Gebirgen in Nord- und Mitteleuropa. In den nördlichen Alpen bis in 2400 m, in den Süd- und West-Alpen auch bis 3000 m Höhe.

Wie verwenden: Die reifen Früchte können in kleinen (!) Mengen ähnlich verwendet werden wie Heidelbeeren. Sie schmecken jedoch deutlich weniger aromatisch und meist eher fad.

Wissenswert: Nach Literaturangaben sollen in größeren Mengen verzehrte Beeren eine leicht berauschende Wirkung haben oder sogar Schwindel, Hitzegefühl oder Sehstörungen hervorrufen, wovon der regional übliche Name Trunkelbeere herrührt. Ein solche Symptome hervorrufender Inhaltsstoff wurde jedoch nie gefunden. Die Fachwissenschaft vermutet daher, dass gelegentlicher Pilzbefall der Beeren für die Beschwerden verantwortlich ist. Wer ganz sicher gehen will, sollte Rauschbeeren daher nicht sammeln.

Auf den ersten Blick sieht die Rauschbeere der Heidelbeere sehr ähnlich. Das sicherste Unterscheidungsmerkmal sind die blaugrün bereiften Blätter dieser Art, die bei der Heidelbeere immer grasgrün aussehen. Außerdem ist das Fruchtfleisch der Rauschbeeren immer farblos – und sieht damit genauso aus, wie die Beerenfrüchte schmecken. Eine Verwendung ist auch aus dem Grund nicht empfehlenswert, weil die Art stark im Rückgang ist.

ab August

Gewöhnliche Felsenbirne

Amelanchier ovalis

Merkmale: Dichtkroniger Strauch, 1–3 m; Blätter breit-oval und lang gestielt; Blüten reinweiß mit langen, schmalen Blütenblättern; Apfelfrucht blauschwarz bereift; ✿ April–Juni.
Wo zu finden: Felsgebüsche, trockene Steilhänge. In Mittel-, Süd- und Osteuropa, in den südlichen Alpen bis auf 2000 m, in Deutschland nördlich bis zum Mittelgebirgsrand (Siebengebirge).
Wie verwenden: Sie lässt sich genau wie die Kupfer-Felsenbirne verwenden.
Wissenswert: Wertvolles Vogelgehölz (Nahrung und Nistraum). Die bläulich bereiften Früchte wirken für Vogelaugen äußerst anziehend.

ab August

Kupfer-Felsenbirne

Amelanchier lamarckii

Merkmale: Großstrauch oder mehrstämmiger Baum, bis etwa 10 m; Blätter länglich-elliptisch, erst kupferrot, später matt dunkelgrün, im Herbst gelb bis karminrot; Blüten reinweiß; Apfelfrüchte um 1 cm, reif blauschwarz, bereift; ✿ April–Mai.
Wo zu finden: Ursprünglich im östlichen Nordamerika, in Mitteleuropa als Ziergehölz, in Deutschland stellenweise verwildert.
Wie verwenden: Schmeckt gut als Gelee, Konfitüre, Kompott, Kuchenbelag oder in Muffins. Auch roh direkt vom Strauch essbar.
Wissenswert: Wertvolles Nahrungs- und Nistgehölz für die heimische Vogelwelt. Die Früchte werden schon vor der Reife vor allem von Drosselarten geerntet.

ab Juni

Gewöhnlicher Wacholder

Juniperus communis

Merkmale: Immergrüner, meist mehrstämmiger Nadelstrauch, 1–5 m, selten auch 15 m hoher Baum; Rinde dünn, längsstreifig, bräunlich; Blätter nadelförmig in abstehenden Büscheln (Wirteln), stechend spitz, oberseits graugrün, mit hellerem Mittelband; weibliche Blüten mit Wirteln von Schuppenblättern, von denen die obersten bei der Reife fleischig werden und einen saftigen Beerenzapfen bilden, dieser 5–6 mm dick, reif im zweiten oder dritten Jahr nach der Blüte, rotschwarz und fast immer stark bläulich bereift; ✿ April–Juni.
Wo zu finden: Licht liebendes Gehölz auf nährstoffarmen, flachgründigen, mäßig sauren oder kalkhaltigen Böden in Heiden, Magerweiden, Halbtrockenrasen und im Saum lichter Wälder. In Europa weit verbreitet. Wacholder wird auch als Ziergehölz angepflanzt.
Wie verwenden: Die reifen Beerenzapfen sind nur in sehr kleinen Mengen genießbar, in größeren dagegen wegen der Gefahr der Nierenreizung gesundheitsschädlich.
Wissenswert: Die Getränkebezeichnungen Gin (engl.) und Genever (niederl.). leiten sich vom wissenschaftlichen Gattungsnamen *Juniperus* ab.

Rezept

Monterosa (für 2 Portionen)

2,5 cl Limoncino
2,5 cl Bitter Campari
10 cl Gin
1 Spritzer Angosturabitter

Zutaten im Shaker mit Eiswürfeln schütteln und in kaltem Cocktailglas servieren.

ab August

Blut-Johannisbeere

Ribes sanguineum

Merkmale: Bis 4 m hoher Zierstrauch; junge Triebe behaart, rötlich braun; Blätter 3- bis 5-lappig, im Umriss oval, an der Basis herzförmig, 5–10 cm lang und ebenso breit, oberseits etwas runzlig, unterseits dicht graufilzig, duften beim Zerreiben charakteristisch; Blüten kräftig rosa, in sehr dekorativen Trauben, Blütenstiele drüsig; Beerenfrucht schwarz, stark bläulich bereift, bis 1 cm dick; ✿ April–Mai.
Wo zu finden: Gebüschreiche Gebirgslaubwälder, lichte Gehölze an Abhängen. Stammt aus dem pazifischen Nordamerika, häufig in mehreren Sorten gepflanzt. Bislang zumindest in Deutschland nur an wenigen Stellen verwildert.
Wie verwenden: Die reifen Früchte schmecken erwiesenermaßen nicht besonders aufregend, sind aber andererseits auch nicht bedenklich und können deswegen zusammen mit anderen Wild- oder Gartenbeeren (so auch mit Johannis- bzw. Stachelbeeren) in Kompotts oder Marmeladen oder als dekorative Beigabe zu verschiedenen Gerichten verwendet werden.
Wissenswert: Die Art wurde bereits 1787 in den Gebirgen Kaliforniens entdeckt und kam erst 1826 nach Europa. Vor allem wurde sie wegen des interessanten Blütenschmucks als dekoratives Ziergehölz beliebt. Bei der Ernte der reif ziemlich unauffälligen Beeren sind die Singvögel meist schneller und erfolgreicher als wir Menschen.
In ihrer kalifornischen Heimat wird die Art vor allem von Kolibris bestäubt. In unseren Breiten sind es eher Hummeln und Falter. Wegen des relativ frühen Blühtermins ist die Blut-Johannisbeere eine besonders empfehlenswerte Art für naturnahe Gärten.

ab Juni

Gold-Johannisbeere

Ribes aureum

Merkmale: 1–2 m hoher Zierstrauch; Zweige und Äste kahl, Rinde rotbraun; Blätter im Umriss rundlich, tief 3- oder 5-lappig, büschelig angeordnet, oberseits matt glänzend, unterseits wenig heller, im Herbst weinrot; Blüten (Kron- und Kelchblätter) goldgelb, im Zentrum rötlich, zu 5–15 in aufrechten oder abstehenden, etwa 6 cm langen Trauben in den Blattachseln, duften sehr angenehm; Beerenfrucht erbsengroß, kugelig oder ein wenig länglich, meist matt schwarz, seltener (sortenabhängig) auch rotbraun; ✿ April–Mai.

Wo zu finden: Auengebüsche, Uferfluren, Gehölze an Bachläufen, auf lockeren, humosen Böden. Stammt aus dem pazifischen Nordamerika (Mexiko, Kalifornien, Oregon), seit dem 19. Jahrhundert in Mitteleuropa häufig als dekoratives Ziergehölz gepflanzt, aber nur stellenweise verwildert. Neuerdings auch häufiger im Straßenbegleitgrün (Autobahnen) verwendet.

Wie verwenden: Vergleichbar mit der Schwarzen Johannisbeere. Die Früchte sind zwar sehr vitaminreich, schmecken allerdings nicht so betont aromatisch wie diese, sondern eher herb säuerlich und müssen also bei der Zubereitung entsprechend gezuckert werden.

Wissenswert: Wird von Baumschulen gerne als Pfropfunterlage für Sorten der übrigen Johannis- und Stachelbeeren verwendet. Als Vogelschutzgehölz interessant.

ab Juni

Schwarze Johannisbeere

Ribes nigrum

Merkmale: Strauch mit kräftigen, aufrechten Zweigen 1–2 m; alle Teile duften beim Zerreiben unangenehm; Blätter mit 3 großen und 2 kleineren Lappen, an den Kurztrieben büschelig gehäuft, lang gestielt, oberseits kahl, unterseits mit gelben Drüsen; Blüten unscheinbar grünlich gelb, Kronblätter nur halb so lang wie die Kelchblätter, 4–9 mm breit, in Trauben; Beerenfrucht kugelig, bis 1 cm groß, schwarz, saftig; ✿ April–Mai.

Wo zu finden: Auengehölze, Bruchwälder, feuchte Gebüsche an Gewässerufern, bevorzugt wechselfeuchte bis nasse, humushaltige Ton- und Lehmböden, erträgt zeitweilige Staunässe. Mittel- und Osteuropa, ferner Nord- und Ostasien, in Nord- und Nordwesteuropa vermutlich erst recht spät eingebürgert, in vielen Gartensorten als Obstgehölz gepflanzt und stellenweise (unbeständig) verwildert.

Wie verwenden: Die Früchte sind außerordentlich vitaminhaltig und werden auch medizinisch verwendet. Man kocht sie zu Gelee, Konfitüre, Marmelade oder Chutneys ein, außerdem in Fruchtgrützen oder Dessertsaucen zu Fleischgerichten (Geflügel, Wild). Ihr feines Aroma (Cassis) dient auch zur Umschreibung von Rotweinbouquets.

Wissenswert: Seit dem 16. Jahrhundert ist sie in Kultur. Verwilderte Gartenexemplare sind nicht leicht von der echten Wildform zu unterscheiden. Der Vitamin C-Gehalt liegt bei 175 mg/100 g essbarem Anteil, also dreifach höher als bei anderen Johannisbeerarten.
Auf den Blattunterseiten finden sich im Unterschied zu den rotfrüchtigen Johannisbeer-Arten kleine, mit einer Lupe gerade noch erkennbare goldgelbe Drüsen. Wenn man die Blätter abstreift, geben diese ihren spezifischen und meist als etwas streng wahrgenommenen Duft ab.

ab Juni

Gewöhnliche Brombeere

Rubus fruticosus

Merkmale: Sommer- und teilweise auch wintergrüner, kräftiger Strauch mit bogig überhängenden Ästen. Sprossenden, die Bodenkontakt erhalten, bilden erneut Wurzeln; Blätter mit meist 5 Fiedern, breit elliptisch, vorne zugespitzt, am Grunde abgerundet, grob und ungleichmäßig gezähnt, oberseits matt oder leicht glänzend dunkelgrün, unterseits hellgrün, Blattstiele und Mittelrippe bestachelt; Blüten weiß oder hellrosa, in Rispen (Foto links); Sammelsteinfrucht (Brombeere) saftig, schwarzrot, löst sich leicht mit der Blütenachse ab; ✿ Juni–August.

Wo zu finden: Wegränder, Brachland, Waldsäume, Hecken, Gebüsche, Feldgehölze, meist in relativ wintermilden Gebieten. Überall in Europa häufig. Die Braubeere wird in mehreren großfrüchtigen, gelegentlich sogar stachellosen Sorten auch gärtnerisch und im Erwerbsobstbau verwendet.

Wie verwenden: Ein absoluter Klassiker unter den heimischen Wildbeeren. Die reifen Sammelsteinfrüchte lösen sich im Unterschied zur Himbeere mit dem Blütenboden vom Fruchtstiel – die Kelchblätter bleiben also am Zweig zurück. Brombeeren verwendet man nach gründlichem Waschen roh als Obst oder als Kuchenbelag. Natürlich lassen sie sich nach den üblichen Rezepturen zu Gelee, Konfitüre oder Marmelade einkochen oder zu Saft verarbeiten. Kurz angedünstete Früchte kann man statt heißer Himbeeren oder zusammen damit zu Vanilleeis, Pudding oder verschiedenen hellen Cremes (Mousse) servieren. Die Zubereitung von Brombeerwein ist ein wenig schwierig – sollte man eher Fachbetrieben überlassen. Ein Brombeerlikör ist dagegen relativ einfach zu bereiten.

ab Juli

Wissenswert: Die Brombeeren bilden eine so genannte Sammelart, die sich nach verschiedenen Feinmerkmalen allein in Mitteleuropa in mehrere hundert Sippen untergliedern lässt. Die genauere Bestimmung der Kleinarten ist durchweg schwierig. Für praktische Zwecke reicht die Zuordnung zur Sammelgruppe Brombeere völlig aus. Inwieweit sich die einzelnen Kleinarten geschmacklich unterscheiden, ist noch unbekannt. Nach mancher Einschätzung ist die Brombeere gar kein Strauch, sondern lediglich eine zweijährig überwinternde und holzige Staude: Nur aus den überwinternden Trieben gehen Blütenstände hervor, und diese sterben nach dem Fruchten ab. Diese spezielle Lebensform kommt tatsächlich nur in dieser Gattung vor. Manche Fachleute sprechen in diesem Zusammenhang daher lieber von Scheinstrauch.

Rezept

Brombeerlikör

500 g sehr reife Brombeeren
250 g Zucker
1 l Weinbrand

Die gründlich gewaschenen Brombeeren mit Zucker mischen und zusammen mit dem Weinbrand in ein mit Schraubdeckel fest verschließbares Gefäß (2 l Fassungsvermögen) geben, sicher verschließen und die Mischung kräftig durchschütteln. Mehrere Wochen bei kühler Zimmertemperatur ziehen lassen, zwischendurch immer wieder kurz durchschütteln. Das Gefäß während dieser Zeit nicht öffnen. Erst nach etwa zwei Monaten den fertigen Likör abfiltrieren und in kleinere Aufbewahrungsgefäße umfüllen.

Südlicher Zürgelbaum

Celtis australis

Merkmale: Bis 25 m hoher Baum mit lockerer, mitunter etwas überhängender Krone, Rinde glatt und hellgrau wie bei der Rot-Buche; Blätter schmal oval bis lanzettförmig, mit 3 besonders deutlichen Blattnerven, vorne mit schlanker, zur Seite gebogener Spitze, scharf gezähnt, oberseits glänzend dunkelgrün und rau, unterseits blasser und fein weißlich behaart; Blüten unscheinbar in den Blattachseln; Steinfrüchte lang gestielt, kugelig, um 1 cm dick, reif braunrot bis schwarz; ✿ März–April.

Wo zu finden: Steinige, humus- und nährstoffarme Böden an sonnigen Hängen, meist vergesellschaftet mit Wärme liebenden Arten wie Flaum-Eiche, Manna-Esche und Hopfenbuche. Von Nordafrika und Südspanien über den Südalpenraum, Italien, Balkan bis nach Kleinasien. Gelegentlich auch in anderen wintermilden Gebieten als Obst- und Straßenbaum.

Wie verwenden: Die sehr schmackhaften Steinfrüchte werden in Südtirol Zürgeln genannt und zu verschiedenen Süßspeisenspezialitäten der regionalen Küche verarbeitet. Beliebt ist beispielsweise die Verwendung als Torten- bzw. Kuchenbelag oder die Zubereitung zu Fruchtmus, als Zusatz zu Marmeladen oder Konfitüren oder in gemischtem Obstsaft.

Wissenswert: Das Holz ist wie bei den nahe verwandten Ulmen-Arten sehr fest, aber elastisch, und wurde früher gerne in der Stellmacherei für Wagenräder, Naben und Deichseln verwendet. Die Rinde liefert einen gelben Farbstoff für Textilien. Die ölreichen Samen werden von Kleintieren verzehrt.

ab August

Ähriges Christophskraut

Actaea spicata

Merkmale: Mehrjähriges Kraut, bis 60 cm hoch, mit aufrechtem, wenig verzweigtem Stängel; Stängelblätter weich, hellgrün, lang gestielt, doppelt 3-zählig gefiedert, tief gekerbt bis gesägt, riechen beim Zerreiben sehr unangenehm; Blüten klein, weiß, in dichten Trauben; Beerenfrüchte etwa erbsengroß, zunächst grün, reif glänzend schwarz; ✿ Mai–Juli.

Wo zu finden: Meist nur einzeln in schattigen, grundfeuchten Schlucht- und Hangwäldern, Laubmischwäldern. In Nord-, Mittel- und Osteuropa, meist nur in der Gebirgsregion. Ziemlich selten und daher besonders schutzwürdig.

Wie verwenden: In der älteren botanischen Literatur hält sich hartnäckig die warnende Angabe, dass die Beeren des Christophskrautes giftig sind. Der Verdacht liegt nahe, da die Familie Hahnenfußgewächse bekannterweise außerordentlich giftige Arten umfasst. Nach neueren Untersuchungen sind in diesen durchaus schmackhaften Früchten jedoch keine Giftstoffe vom Typ des Protoanemonins enthalten. Sammeln sollte man sie dennoch nicht, da die Art fast überall ziemlich selten ist.

Wissenswertes: War früher in der Volksmedizin als Heilpflanze sehr populär – daher auch die Benennung nach Christophorus, der als Schutzpatron vor vielerlei Bösem bewahren soll. Heute selten in der Homöopathie bei rheumatischen Beschwerden verwendet.

ab Juli

Alpen-Bärentraube

Arctostaphylos alpina

Merkmale: Kriechender Zwerg- und Spalierstrauch, der ausgedehnte Teppiche bildet, bewurzelt sich an den Zweigen; Blätter nahezu gegenständig, verkehrt oval, am Grunde keilförmig, scharf gezähnt, nicht lederig, beidseits netznervig, oberseits hellgrün, unterseits graugrün, bleiben nach prächtiger herbstlicher Verfärbung bis zum Frühjahr an den Zweigen; Blüten grünlich weiß oder rötlich, zu 2–5 in endständigen Trauben; Beerenfrucht zunächst hochrot, reif blauschwarz, saftig; ✿ Mai–Juni.
Wo zu finden: Lichte Zwergstrauchbestände, Latschengebüsche, Lärchenwälder. In den Gebirgen in Europa: von Nordfinnland über die Alpen (hier meist erst oberhalb 1500 m) bis zu den Pyrenäen, ferner arktische Tundra, auch in Schottland und Teilen des Balkans.
Wie verwenden: Die reifen Beeren sind im Prinzip genießbar, schmecken aber ziemlich fad und säuerlich – daher lohnt sich das Sammeln kaum. Nur nach heftiger Aufzuckerung könnte man sie in Früchtekompotts oder zur Ergänzung von Wildfruchtzubereitungen verwenden.
Wissenswert: Die Blätter verfärben sich im Herbst im Unterschied zu denen der Gewöhnlichen Bärentraube intensiv karminrot und lassen ganze Landschaften äußerst prachtvoll in Farbe versinken.
Angesichts ihrer recht mäßigen kulinarischen Eigenschaften sollte man die Früchte dieser Art unbedingt in der Natur belassen, zumal die Alpen-Bärentraube auch geschützt ist.
Für viele Wildtiere – und im gemeinsamen Verbreitungsgebiet auch für den Europäischen Braunbären – bildet sie indessen eine wichtige Ergänzungsnahrung.

ab September

Gewöhnliche Krähenbeere

Empetrum nigrum

Merkmale: Immergrüner Zwergstrauch mit liegenden und aufsteigenden Ästen; junge Triebe rötlich; Blätter wechselständig oder zu wenigen in unregelmäßigen Wirteln, schmal, bis 8 mm lang glänzend dunkelgrün, nicht stechend, Blattränder nach unten eingerollt bis auf eine schmale, mit weißem Haarstreifen verschlossene Rinne; Blüten unscheinbar grünlich rot; beerenartige Steinfrucht bis 8 mm groß, kugelig, matt glänzend schwarz, mehrsamig; ✿ Mai–Juni.

Wo zu finden: Sand- und Moorböden. Küstenbereich von Nord- und Ostsee, selten in Eifel, Harz, Rhön, Fichtelgebirge, Schwarzwald und Erzgebirge, ferner arktisches Nordeuropa und Nordamerika, fehlt in den Alpen.

Wie verwenden: Die schwarzen Früchte sind zwar genießbar, aber nicht besonders wohlschmeckend. Vor allem in Nordeuropa werden sie dennoch in Mengen gesammelt und gekocht als Fruchtmus oder Kompott verzehrt. An den wenigen Mittelgebirgsstandorten in Mitteleuropa sollte man die Früchte aus Naturschutzgründen nicht sammeln.

Verwechslung: Die in den Hochgebirgen verbreitete **Alpen-Krähenbeere** (*Empetrum hermaphroditum*) ist sehr ähnlich, hat aber grünliche Triebe und zwittrige Blüten. Kulinarisch ist sie identisch zu bewerten.

Über die mögliche Giftigkeit der beerenartigen Steinfrüchte gibt es unterschiedliche Einschätzungen. Honig von Krähenbeeren hat erwiesenermaßen schon zu leichten Komplikationen im Magen-Darm-Bereich geführt. Überlassen wir also die Ernte den Krähen, die sich gerne über die Früchte hermachen. An der Küste sind sie auch bei den Möwen enorm beliebt.

ab August

Gewöhnliche Traubenkirsche

Prunus padus

Merkmale: Bis 15 m hoher Baum, seltener auch Großstrauch, Rinde auffallend dunkelbraun bis schwärzlich; Blätter elliptisch, mit 1–3 grünlichen Nektardrüsen, matt dunkelgrün; Blüten reinweiß, in hängenden Trauben; Steinfrucht kugelig, um 8 mm dick, schwarzrot; ✿ April–Mai.
Wo zu finden: Schwemmland, Talauen mit tiefgründigen, nährstoffreichen Böden. Fast überall in Europa, auch als Park- und Straßenbaum.
Wie verwenden: Obwohl die Entsteinung etwas mühsam ist, kann sie wie ihre Verwandte, die Vogel- bzw. Süß-Kirsche (Seite XX), verwendet werden.
Wissenswert: Schon die Menschen der Steinzeit sammelten sie in Mengen, wie Steinkernfunde in ehemaligen Siedlungen belegen.

ab Juni

Spätblüh. Traubenkirsche

Prunus serotina

Merkmale: Bis 20 m hoher Baum, Rinde braungrau; Blätter elliptisch, am Grunde mit 1–2 roten Nektardrüsen, lederig, fest, oberseits glänzend frisch- bis dunkelgrün, unterseits blasser; Blüten reinweiß, in langen hängenden Trauben; Steinfrucht bis 1 cm dick, schwarzrot; ✿ Mai–Juni.
Wo zu finden: Stammt aus dem östlichen Nordamerika. In Mitteleuropa vielfach als Straßenbegleitgrün oder in Industriegelände angepflanzt.
Wie verwenden: Sie kann ebenso wie die Gewöhnliche Traubenkirsche und die Vogel- bzw. Süß-Kirsche (Seite 40), verwendet werden. Geschmacklich sind alle erwähnten Arten sehr ähnlich.

ab Juli

Weichsel-Kirsche, Steinweichsel

Prunus mahaleb

Merkmale: Sparrig, aber locker verzweigter Wildstrauch, 1–3 m hoch, oder kleiner Baum mit unregelmäßiger Krone bis etwa 5 m; Rinde braun, längsrissig; jüngere Zweige grau, durch Drüsen meist etwas klebrig; Blätter lang gestielt, rundlich-oval, am Grunde rundlich und mit kleiner, grünlicher Nektardrüse, vorne kurz zugespitzt, oberseits glänzend dunkelgrün, unterseits nur auf den Nerven fein behaart; Blüten reinweiß, duften angenehm, in gestielten hängenden oder abstehenden Trauben; Steinfrüchte erbsengroß, kugelig bis länglich-eiförmig, anfangs grün bzw. rötlich, reif matt glänzend schwarz, relativ saftarm; ✿ April–Mai.

Wo zu finden: Lichte Felsgebüsche und Wälder, auf trockenen, besonnten und steinigen Hängen in lichten Eichengebüschen. Von der Iberischen Halbinsel bis ins östliche Mittelmeergebiet, in Deutschland nördlich nur bis zum Mittelgebirgssaum, sonst nur vereinzelt.

Wie verwenden: Die nur wenig fleischigen Steinfrüchte schmecken ein wenig bitter und eignen sich als Beifrucht zu anderen Wildfruchtzubereitungen.

Wissenswertes: In Baumschulen wird die Art gerne als Pfropfunterlage für Sorten der Süß- und Sauerkirschen verwendet. Für viele Arten der Gattung sind die am Übergang vom Blattstiel zur flächigen Blattspreite angebrachten extrafloralen Nektarien typisch. Diese fehlen bei dieser Art fast immer.

Interessant ist auch, dass die Blätter sowie Holz und Rinde beim Zerreiben ein typisches Waldmeister-Aroma entfalten. Weidetiere mögen das nicht, deswegen bleibt der Verbiss meist aus.

ab August

Schwarzer Holunder

Sambucus nigra

Merkmale: Großstrauch, 3–7 m hoch, seltener auch kleiner Baum mit krummem, rauborkigem Stamm, bis 9 m hoch; Triebe graubraun, kahl, Zweige mit großen Korkwarzen (Rindenporen) und weißem Mark; Blätter gegenständig, mit 5 bis 7 Fiedern, diese elliptisch, lang zugespitzt, gesägt, oberseits mattgrün, unterseits zuletzt heller, beim Zerreiben von leicht unangenehmem Aroma; Blüten klein, scheibenförmig flach, cremeweiß, zahlreich in flachen Schirmrispen, mit starkem, angenehmem Duft; Steinfrüchte (in Norddeutschland Fliederbeeren genannt) kugelig, 3–4 mm dick, auf hellroten Fruchtstielen, schwarzrot mit purpurrotem Saft; ✿ Mai–Juni.

Wo zu finden: Waldränder, Feldgehölze, Ufer und Zäune, Feldscheunen, Ruinen- und Abraumgelände, Bahndämme, Böschungen. Er ist Siedlungsfolger, daher auch zuverlässiger Stickstoffzeiger. In Europa weit verbreitet, außerdem in Kleinasien und im Kaukasus, in den Alpentälern bis etwa 1200 m; stellenweise in Fruchtsorten kultiviert, außerdem als Ziergehölz mit abweichender gelbgrüner Blattfärbung.

Wie verwenden: Die unreifen Steinfrüchte sind leicht giftig und sollten nicht verwendet werden. Nur die vollreifen und sehr vitaminreichen Früchte auf lebhaft roten Fruchtstielen kann man nach Erhitzen (!) zu Saft oder Beerenwein verarbeiten, sie eignen sich aber auch ideal als Zutat zu Mehrfruchtkonfitüren oder Gelees – wunderbar zu kombinieren mit Apfel, Birne, Pflaume und Kürbis. Die Blütenstände backt man nach Eintauchen in Pfannkuchenteig in heißem Sonnenblumenöl aus – regional nennt man diese Zubereitung Holler- oder Holder-

Achtung!

Vom Schwarzen Holunder keine Teile roh verzehren!

ab Juli

küchle. Außerdem kann man mit Zitronen und Zucker einen erfrischenden Sirup herstellen.
Wissenswert: Der Schwarze Holunder ist auch als Heilpflanze bedeutsam. Die getrockneten Blüten und Früchte werden gegen Katarrhe und sonstige Beschwerden der Atemwege sowie gegen Fieber verwendet. Bereits die Menschen der Jungsteinzeit sammelten die schmackhaften Früchte, wie man an Samenfunden in ausgegrabenen Siedlungen feststellte.
Judas soll sich nach biblischer Überlieferung an einem Holunder erhängt haben, wovon der Sage nach der strenge Geruch der Blätter stammt; eine fast nur auf Holunder wachsende Pilzart heißt daher auch Judasohr (übrigens in der chinesischen Küche als Mu-Err bekannt).
Den Germanen war er besonders heilig und trägt daher den Namen von Frau Holle (= Freya), mit sprachgeschichtlichem Bezug zur Regionalbezeichnung Hollerbusch; als Hausstrauch soll er die bösen Geister bannen. Die duftenden Blüten werden vor allem von Fliegen und kleinen Käfern bestäubt, die auf den flachen Schirmrispen herumlaufen. Holunderpollen werden leicht auch vom Wind verfrachtet und sind dann Mitauslöser von Pollenallergien. Die reifen Früchte werden sehr gerne von Vögeln wie Rotkehlchen oder Grasmücken geerntet.

Rezept

Holunderpunsch
1/2 l Holunderbeersaft
3/4 l Roter Traubensaft
1/4 l Hagebuttentee
5 EL Rohrzucker
1 Zimtstange
Alle Zutaten zusammen erhitzen, aber nicht kochen lassen.

Schwarzer Maulbeerbaum

Morus nigra

Merkmale: Baum bis 18 m mit breiter Korne auf niedrigem, oft jedoch sehr dickem und drehwüchsigem Stamm; Blätter im Umriss breit herzförmig, mit kurzer, schlanker Spitze, grob gezähnt bis gelappt, oberseits rauhaarig, unterseits flaumig oder kahl; Blüten unauffällig in den Blattachseln; Früchte (Maulbeeren) erinnern an eine längliche Brombeere, bis 2,5 cm lang, purpurn bis schwarzviolett; ✿ Mai–Juni.

Wo zu finden: Stammt vermutlich aus Zentralasien, wird jedoch schon seit langem kultiviert und verwildert häufig, in wintermilden Gegenden auch in Mitteleuropa angepflanzt, beispielsweise im Oberrheingebiet oder in den südlichen Landesteilen von Österreich.

Wie verwenden: Maulbeeren sind erst vollreif genießbar. Im Hauptverbreitungsgebiet verarbeitet man sie zu Marinaden, Gelees, Säften, Obstwein oder anderen Zubereitungen. Den dunkelroten Saft verwendete man zeitweise zum Nachfärben zu blasser Rotweine. Er ist recht süß und enthält viele Mineralstoffe und Vitamine

Wissenswert: Da die Art schon im Altertum im Mittelmeergebiet und Orient als Fruchtlieferant kultiviert wurde, ist ihr ursprüngliches Verbreitungsgebiet heute nicht mehr festzustellen. Der **Weiße Maulbeerbaum** (*Morus alba*) unterscheidet sich durch seine oberseits zumindest im vorderen Drittel ziemlich rauhaarigen Blätter und die weißen bis rosa Früchte. Seine in der Form sehr ähnlichen Beeren sind eigentlich Sammelnussfrüchte, schmecken angenehm und sind genauso zu verwenden wie die schwarzen Verwandten.

ab Juni

Blaue Heckenkirsche

Lonicera caerulea

Merkmale: Stark sparrig verzweigter Strauch, 1–2 m hoch; Triebe rotbraun, bläulich bereift; Rinde löst sich streifig ab; Blätter gegenständig, rundlich oval, spitz oder leicht abgestumpft, kurz gestielt, 2–8 cm lang, anfangs behaart, später kahl; Blüten paarweise kurz gestielt in den Blattachseln, Krone bis 2 cm lang, gelblich weiß oder grünlich, trichterförmig, fast radiär; Doppelbeere elliptisch, schwarz und meist einheitlich bläulich bereift; ✿ April–Mai, ⥀ ab Juli.
Wo zu finden: Bergmisch- und -nadelwälder, Zwergstrauchgesellschaften, Grünerlen- und Legföhrengebüsche, meidet Kalkböden, gerne auf sauren Rohhumus- und Sandböden. Gebirge von Nordosteuropa bis Kaukasus und Pyrenäen, fehlt in Schwarzwald und Vogesen, in Deutschland nur im Bayerischen Wald, im Voralpenland und in den Alpen, nicht selten aber als dekoratives Ziergehölz in öffentlichen Grünanlagen zu sehen.

Wissenswert: Die bitter schmeckenden Beeren enthalten wie die Früchte der übrigen *Lonicera*-Arten unterschiedliche Mengen an Alkaloiden und vor allem Triterpensaponinen. Diese sind für die Unverträglichkeit verantwortlich, die man nach ihrem Verzehr beobachtet hat. Zu den gefährlich giftigen Beerensträuchern gehört die Art demnach sicherlich nicht, aber vom Konsum ist dennoch abzuraten, obwohl sie in der Literatur und in Internetquellen gelegentlich als essbar bezeichnet wird. Vögel und Kleinsäuger verzehren die Früchte ohne erkennbare Schädigung sehr gerne.

Achtung!

Kleinere Exemplare könnten eventuell mit der Heidelbeere verwechselt werden. Die Zweige sind jedoch nie kantig und grün wie bei dieser.

schwach giftig

Einbeere

Paris quadrifolia

Merkmale: Mehrjährige, krautige Pflanze, bis 40 cm hoch; Stängel aufrecht, unverzweigt, kahl; Blätter zu (meist) 4 (seltener auch nur 3 oder gar 5) quirlständig, ungestielt, breit oval mit kurzer, schlanker Spitze; Blüten lang gestielt, endständig, 2–4 cm breit, die äußeren Blütenblätter hellgrün, die inneren kürzer und gelblich; Beerenfrucht ungefähr kirschgroß, 4-fächerig, kugelig, unreif grünlich, reif dunkelblau bereift oder einheitlich mattschwarz; ✿ Mai–Juni, ⏲ ab Juli.
Wo zu finden: Lichte Laub- und Mischwälder, Auengehölze, gerne auf nährstoffreichem, humosem, lockerem, grundwasserfeuchtem Boden. Vor allem in Mitteleuropa, nördlich bis Südskandinavien, von der Ebene bis ins Gebirge.
Wissenswert: Die unangenehm süßlich schmeckende Beerenfrucht kann eventuell mit Heidelbeeren verwechselt werden. Zuverlässiges Unterscheidungsmerkmal ist jedoch die deutlich 4-fächerige Aufteilung der Einbeere, die den Heidelbeeren fehlt. Zudem hängen die Heidelbeeren einzeln von den Zweigen herab und stehen nicht einzeln aufrecht auf langem Stiel. Die Giftwirkung geht von Saponinen aus, die in allen Teilen der Pflanze enthalten sind. Typische Vergiftungssymptome sind Schleimhautreizung, Schwindel, Übelkeit, Erbrechen und starke Durchfälle. Auch einzelne Todesfälle sind dokumentiert. Eine nahe verwandte ostasiatische Art wird in der traditionellen chinesischen Medizin verwendet.
Ungewöhnlich ist bei der Einbeere – ähnlich wie beim Aronstab (Seite 64) die Nervatur der Blätter: Während für die Einkeimblättrigen eine strikte Parallel- oder Streifennervatur typisch ist wie etwa bei den Gräsern, zeigt auch die Einbeere die eher für die Zweikeimblättrigen charakteristische Netznervatur. Ungewöhnlich ist auch die Vierzähligkeit der Blüten.

☠ *giftig*

Tollkirsche

Atropa belladonna

Merkmale: Mehrjährige, meist sehr kräftige und strauchartig wachsende Pflanze mit reich verzweigtem, aufrechtem, stumpfkantigem Stängel, gelegentlich am Grunde leicht verholzt, durch Drüsenhaare leicht klebrig, 60–200 cm hoch; Blätter breit-lanzettlich, zugespitzt, drüsig behaart; Blüten glockig, 5-zipflig, außen in der vorderen Hälfte braunviolett, innen grünlichgelb mit dunkleren Adern, auf gebogenen Stielen, einzeln in den oberen Blattachseln; Beerenfrucht kugelig, kirschgroß, bis 1,5 cm dick, saftig, tiefschwarz glänzend, mit glänzend schwarzen Samen; ✿ Juni–August, ⏀ ab Juli.

Wo zu finden: Waldränder, Lichtungen, braucht nährstoffreiche Lehmböden. Kommt vor allem in Süd- und Mitteleuropa vor, im Gebirge bis 1600 m, fehlt in im deutschen Tiefland.

Wissenswert: Alle Teile, vor allem aber die attraktiven und angeblich angenehm schmeckenden Früchte enthalten ein Gemisch hochwirksamer Alkaloide (in der Mengenreihenfolge Hyoscyamin, Atropin und Scopolamin), die Nerven lähmen. Typische Vergiftungserscheinungen sind Gesichtsrötung, Pupillenerweiterung, Pulsbeschleunigung und Herzrasen, Bewusstseinsstörungen und Tobsucht (daher die Bezeichnung „Toll"kirsche), gefolgt von Bewusstlosigkeit (Koma) und Atemlähmung. Für Kinder sind in der Regel 3–4 Beeren tödlich, für Erwachsene etwa 10–20.

In der Antike präparierten sich (angeblich) die Schönen der Nacht mit Extrakten der Tollkirsche, um besonders große Pupillen („schwarze Augen") zu haben. Sie sahen dann zwar gut aus, sahen aber selbst so gut wie gar nichts mehr. Womöglich kennen Sie diese Sehstörung von einem Besuch beim Augenarzt, der Atropin fallweise zur besseren Untersuchung des Augenhintergrundes einsetzt.

☠ *stark giftig*

Roter Hartriegel

Cornus sanguinea

Merkmale: Reichästiger, mittelgroßer Strauch oder kleiner Baum, bis 5 m; Triebe dicht behaart und grün; Zweige vor allem auf der Lichtseite dunkelrot; Blätter elliptisch, zugespitzt, mit meist 3 Bogennervenpaaren, glattrandig, kurz gestielt, 4–8 cm lang, oberseits matt dunkelgrün, unterseits auf den Blattnerven behaart, im Herbst prächtig weinrot; Blüten reinweiß, erscheinen nach dem Blattaustrieb, zahlreich in dichten, bis 5 cm breiten Schirmrispen, riechen nach Fisch; Steinfrüchte kugelig, matt schwarzblau, weißlich punktiert, ungenießbar; ✿ Mai–Juni, ab September.

Wo zu finden: Flurhecken, Feldgehölze, Waldränder, Auengebüsche, Laubwälder, Straßenbegleitgrün, Steinböden. Von Nord- bis Südeuropa weit verbreitet, häufig angepflanzt.

Wissenswert: Die Lichtseite der Zweigrinde ist vor allem im Winter stark gerötet. Die ziemlich bitter schmeckenden Früchte sind roh ungenießbar, aber nicht giftig. Berichte über Vergiftungsfälle beruhen vermutlich auf Verwechslungen mit anderen Arten, beispielsweise mit dem ähnlich aussehenden Faulbaum. Ähnlich ist der **Tatarische Hartriegel** (*Cornus alba*) zu bewerten, der hellblaue oder weißliche Steinfrüchte entwickelt. Beide Arten sind wertvolle Vogelgehölze. Er stammt aus Ostasien und wird wegen seiner tiefroten Rinde häufig in Gärten angepflanzt.

Achtung!

An Straßenrändern, in Parkanlagen sowie in Privatgärten werden mehrere ähnliche Arten der Gattung als Ziergehölze angepflanzt. Sie tragen weiße bis hellblaue Früchte und sind allesamt ungenießbar.

ungenießbar

Faulbaum, Pulverholz

Frangula alnus

Merkmale: Aufrechter, meist recht schlankwüchsiger, dornenloser, 1–3 m hoher Strauch oder kleiner, schütterer Baum bis 6 m; junge Triebe rostrot behaart; Rinde an Zweigen und Ästen braunrot, mit zahlreichen länglichen, hellbraunen Korkwarzen, am Stamm graubraun, etwas längsrissig; Blätter wechselständig, oval bis elliptisch, im vorderen Drittel am breitesten, schlank zugespitzt, mit 7–8 Paar bogig nach vorne verlaufenden Seitennerven (Unterschied zum Hartriegel!); Blüten unscheinbar, grünlichweiß, zu 1–3 in den Blattachseln; Steinfrüchte kugelig, zunächst grün, dann über verschiedene Gelbstufen und kräftig rot bis zuletzt matt glänzend schwarz; ✿ Mai–Juni, ◌ ab August.
Wo zu finden: Waldwege, Gehölzsäume, Ufer, Auengebüsche, Nadelmischbestände, bevorzugt auf staunassen, sauren Böden. In Europa weit verbreitet, vom Tiefland bis 1500 m im Gebirge.
Wissenswert: Nur die ausreichend lange abgelagerte und fachmännisch behandelte Rinde wird medizinisch verwendet. Aus dem Holz stellte man früher hochwertige Holzkohle her, die fein gemahlen Bestandteil von Spreng- und Schießpulver (Schwarzpulver, daher Pulverholz) war. Dazu wurden gebietsweise extra Faulbaumkulturen angelegt. Die Früchte enthalten Glykoside, Saponine und Gerbstoffe, welche nach reichlichem Verzehr starke Reizungen der Magenschleimhaut mit heftigen Koliken und Erbrechen hervorrufen.
Von einer Selbstmedikation ist daher dringend abzuraten.
Die recht unauffälligen gelblichen Blüten wirken auf Besucherinsekten dennoch unglaublich attraktiv: Das heftige Gesumme in einem in der freien Feldflur wachsenden Exemplar spricht Bände. Der Faulbaum ist übrigens die wichtigste Futterpflanze für die Raupen des Zitronenfalters.

☠ *giftig*

Lorbeerbaum

Laurus nobilis

Merkmale: Immergrüner Großstrauch oder kleiner Baum, anfangs mit kegelförmiger, später mit rundlicher Krone, bis 8 m hoch; Blätter lanzettlich, spitz, am Grunde keilförmig, am Rand leicht wellig oder undeutlich gekerbt, lederig derb, 3–5 cm lang gestielt, bis 10 cm lang, oberseits glänzend dunkelgrün, unterseits matt hellgrün, Blattnerven in der unteren Spreitenhälfte häufig leicht rötlich, duften beim Zerreiben angenehm aromatisch; Blüten hell grünlich gelb, klein und unauffällig, zweihäusig, jeweils zu mehreren in den Blattachseln; Beerenfrucht kugelig, um 1 cm groß, anfangs grün, in der Reife matt glänzend schwarz; ✿ März–Mai, ⍥ ab September.

Wo zu finden: Lichte Mischgehölze auf lockeren, humosen Böden, felsige Abhänge, Trockenhänge. Ursprünglich nur auf dem Balkan und in Kleinasien beheimatet, heute im gesamten Mittelmeergebiet als Kultur- und Zierpflanze weit verbreitet.

Wissenswert: Lorbeer ist nicht nur ein sehr dekoratives Gehölz, sondern auch ein wichtiger Aromalieferant. Frische Lorbeerblätter schmecken stark bitter. Beim Trocknen verliert sich der Bittergeschmack, während das feine und als Gewürz beliebte Aroma erhalten bleibt. Früher verwendete man auch die reifen Früchte. Seit langem ist bekannt, dass die im Lorbeeröl aus den Früchten enthaltenen Sequiterpenlactone bei empfindlichen Personen schwere Kontaktallergien auslösen können. Vom Verzehr der Früchte wird daher ausdrücklich abgeraten.
Als dekoratives Gehölz und eventuell als Erinnerung an besonders genossene mediterrane Urlaubsfreuden kann man den Lorbeerbaum als Kübelpflanze auch im Garten kultivieren – und bei den jetzt üblichen relativ milden Wintern sogar draußen überwintern.

☠ *allergen*

Lorbeer-Kirsche

Prunus laurocerasus

Merkmale: Immergrüner Strauch mit aufrechten, kräftigen Ästen und Zweigen, 1–5 m hoch; Blätter 5–15 cm lang, breit-lanzettlich, glattrandig oder unauffällig gewellt, oberseits glänzend dunkelgrün, unterseits heller mattgrün, beidseits kahl, dick und ledrig, am Rand leicht umgebogen oder eingerollt, Mittelrippe sehr kräftig; Blüten reinweiß, zahlreich in aufrechten, bis 10 cm langen Trauben; Steinfrucht kugelig-länglich, erbsengroß, anfangs rötlich, reif schwarz; ✿ April–Mai (manchmal zusätzlich September–Oktober), ⏻ ab Juni.

Wo zu finden: Unterwuchs lichter Laubwälder und Gebüsche felsiger Hänge. Von Südwesteuropa bis Vorderasien, sehr häufig in verschiedenen Sorten als winterfestes Gartengehölz und als Sichtschutz gepflanzt.

Wissenswert: Alle Teile der Pflanze, vor allem aber die glatten, weißen Samen enthalten das Glykosid Amygdalin, das sich leicht in das bekannte Bittermandelaroma (Marzipan!) und in die recht gefährliche – weil atemlähmende – Blausäure spaltet. Letztere ist die eigentlich kritische Komponente. Im Fruchtfleisch ist Amygdalin in geringeren Konzentrationen enthalten. Schwerwiegende Vergiftungen sind deshalb nicht zu erwarten, wenn die Samen nicht zerkaut oder verschluckt werden. Obwohl die Früchte deshalb mitunter als ungefährlich eingestuft werden, sollte man auf diesen Genuss sicherheitshalber verzichten.

Ökologisch nicht empfehlenswert ist die Verwendung dieser Art als Gartengehölz. Vielfach verhält sie sich durch Verschleppung der Samen über den Verdauungstrakt der fruchtverzehrenden Vögel (vor allem Drosseln) invasiv und tritt demnach an Stellen in der Natur auf, wo sie nicht erwünscht ist.

☠ *giftig*

Efeu

Hedera helix

Merkmale: Immergrüner, kriechender oder an Mauern und Bäumen mit Haftwurzeln kletternder Strauch, bis zu 20 m hoch; Triebe mit Sternhaaren; oft mit klar erkennbarem Hauptstamm, sonst buschig verzweigt mit überhängenden Zweigen; Blätter an nicht blühenden Trieben 3- bis 5-lappig, am Grunde herzförmig, oberseits glänzend dunkelgrün mit weißlichem Adernetz, an blühenden Trieben dagegen rautenförmig bis elliptisch, ungelappt bis leicht gewellt, spitz, am Grunde keilförmig, glänzend dunkelgrün ohne Zeichnung, im Winter oberseits schwarzgrün, unterseits rötlich; Blüten gelblich grün, unscheinbar klein, zahlreich in kopfigen, gestielten Dolden; Beerenfrüchte kugelig, erbsengroß, vorne deutlich abgeplattet, sehr hart, mattschwarz; ✿ September–Oktober, Ⓞ Die Fruchtreife findet über Winter statt: reife Früchte daher erst im folgenden Frühjahr.

Wo zu finden: Wälder und Gebüsche, Auengehölze, Steinbrüche und Ruinen, Friedhöfe und Gärten. In West-, Mittel- und Südeuropa von der Ebene bis in mittlere Gebirgslagen (etwa 1800 m) weit verbreitet, im Norden nur bis Südschweden, fehlt in Nordafrika und Vorderasien.

Wissenswert: Der ungewöhnlich späte Blühtermin sichert Insekten auch im fortgeschrittenen Herbst noch eine ergiebige Nektarquelle. Die Früchte werden gern von Singvögeln verspeist. Alle Teile der Pflanze enthalten giftige Saponine, die Brechdurchfälle und Krämpfe hervorrufen. Obwohl die Früchte sehr bitter schmecken, kommen besonders bei Kindern tödliche Vergiftungen vor.

☠ *giftig*

Gewöhnlicher Liguster

Ligustrum vulgare

Merkmale: Sommer- und teils wintergrüner Strauch, bis 3 (mitunter auch bis 7) m hoch; junge Triebe spärlich behaart, später kahl; Zweige rutenförmig, dünn, biegsam; Blätter ungeteilt, gegenständig, kurz gestielt, etwas lederig, glattrandig, oberseits dunkelgrün und leicht glänzend, unterseits heller, mit kräftiger Mittelrippe; Blüten weiß und angenehm duftend, zahlreich in lockerer, kegelförmiger bis 8 cm langer, aufrechter Rispe an den Zweigenden; Steinfrüchte etwa erbsengroß, meist 2-samig, glänzend schwarz (bei Gartensorten auch orangegelb), ungenießbar und giftverdächtig; ✿ Juni–Juli, ⊙ ab August.

Wo zu finden: Flurhecken, Feldgehölze, Waldsäume, Ufer, Auengebüsche, Mauern, Ruinen. In Europa weit verbreitet, ferner in Nordafrika und Westasien, in Deutschland vor allem im mittleren und südlichen Teil, häufig (auch in Sorten) angepflanzt und vielfach verwildert.

Wissenswert: Die Früchte enthalten geringe Mengen Glykoside und Alkaloide, die keine schweren Vergiftungen erwarten lassen, aber zumindest Unwohlsein, Erbrechen, Bauchschmerzen und Durchfall auslösen können. Von der Verwendung als Wildobst ist daher strikt abzuraten. Dies gilt auch für andere kultivierte Arten wie den **Wintergrünen Liguster** (*Ligustrum ovalifolium*), ein durch Schnitt meist stark verdichteter und häufig in Hecken verwendeter Zierstrauch.

Für Schulgärten, Kinderspielplätze und ähnliche Pflanzstätten empfiehlt sich die Art nicht. Auch für Pferde ist sie giftig. Ansonsten hat sie in der naturnahen Landschaft durchaus ihre Bedeutung. Sie ist nämlich die Futterpflanze des leider selten gewordenen, aber überaus prächtigen Ligusterschwärmers.

☠ *giftverdächtig*

Schwarze Heckenkirsche

Lonicera nigra

Merkmale: Kleiner Strauch mit dünnen, gebogenen, mit Mark gefüllten Zweigen, 1–2 m hoch; Blätter schmal oval bis elliptisch, spitz, gegenständig, 4–6 cm lang und bis 3 cm breit, glattrandig, oberseits glänzend, unterseits bläulich, auf den Hauptnerven flaumig behaart; Blüten hellrosa, paarweise auf etwa 4 cm langem Stiel in den oberen Blattachseln, mit enger, etwa 1 cm langer Kronröhre; Doppelbeeren kugelig, knapp kirschgroß, oft auch ungleich groß, schwarz, aber meist bläulich bereift, hängen im Unterschied zu den übrigen Arten der Gattung an langen Stielen herab; ✿ April–Mai, ⍥ ab Juli.

Wo zu finden: Schattige Waldränder, krautreiche Bergmischwälder, Halden, Wegsäume und Gebüsche. Gebirge in Mittel-, Süd- und Osteuropa, von den Pyrenäen bis zum Balkan, fehlt in Skandinavien. Sie wird eher selten als Ziergehölz angepflanzt.

Wissenswert: Wegen ihrer nahezu schwarzen, saftigen Beeren nennt man die Art regional auch Tintenbeere, wegen der Giftigkeit auch Teufelsbeere. Inhaltsstoffe sind wie bei den anderen Arten der Gattung verschiedene Saponine, die je nach Menge zu stärkeren Beschwerden im Verdauungstrakt führen. Besonders gerne werden die Früchte von Mönchsgrasmücken verzehrt. Die matt glänzenden Doppelbeeren sehen auf den ersten Blick nicht allzu attraktiv aus. Die wachsigen Fruchtbeläge reflektieren jedoch das kurzwellige, für uns nicht sichtbare UV-Licht, das für Vögel gut sichtbar ist.

☠ *giftig*

Amerikanische Kermesbeere

Phytolacca americana

Merkmale: Mehrjährige, kräftige Pflanze, bis über 2 m hoch, mit aufrechtem, nur im oberen Teil verzweigtem Stängel; Blätter eiförmig-elliptisch und ungeteilt, spitz, bis über 20 cm lang, kurz gestielt; Blüten grünlich weiß, mit 10 verwachsenen Fruchtblättern, zahlreich in dichtblütigen, hängenden Trauben, stehen durch Verwachsung mit dem Blütenstandstiel jeweils einem Stängelblatt genau gegenüber; die Früchte sind beerenartige, flachkugelige, saftige, leicht 10-rippige Sammelfrüchte, reif dunkelrot bis schwarz auf roten Stielen; ✿ Juli–August, ab September.

Wo zu finden: In den Wärmegebieten (Weinbauregion) und auch in Städten aus Gartenkultur verwildert, auch auf siedlungsnahen Brachen. In Südeuropa eingebürgert. Stammt ursprünglich aus Nordamerika.

Wissenwert: Kermesbeerensaft wurde früher zum Färben von Rotwein und Süßigkeiten verwendet. Alle Teile der Pflanze, vor allem die Wurzeln, enthalten unter anderem Triterpensaponine. Bis zu 10 rohe Kermesbeeren werden als unbedenklich angesehen. Vergiftungen äußern sich in Beschwerden im Verdauungstrakt. Bei der nahe verwandten, aus Ostasien stammenden, so genannten **Essbaren Kermesbeere** (*Ph. esculenta* oder *Ph. acinosa*) sind die 8 Teilfrüchte auch in der Reife noch deutlich getrennt. Die Früchte enthalten die gleichen Wirkstoffe und sollten trotz des vielversprechenden Namens nicht verwendet werden.

schwach giftig

Gewöhnliche Jungfernrebe

Parthenocissus inserta

Merkmale: Kletterstrauch, erreicht Höhen von 6–10 m, Ranken mit 2–5 verlängerten, windenden Seitenzweigen, ohne oder nur mit sehr schwach entwickelten Haftscheiben, die dünnen Verzweigungsenden verkrallen sich in feine Unebenheiten der Wuchsunterlage oder schwellen darin geringfügig an, womit eine belastbare Verbindung entsteht; Blätter fingerförmig gefiedert, Fiedern meist sehr kurz oder undeutlich gestielt, bis 10 cm lang und 3 cm breit, elliptisch, lang zugespitzt, an der Basis keilförmig verschmälert, grob bis kerbig gesägt, beidseits glänzend, oberseits stumpfgrün, unterseits etwas bläulich, im Herbst prächtig karminrot; Blüten unscheinbar, grünlich; Beerenfrucht erbsengroß, blauschwarz, bereift, an hochroten Fruchtstielen, ungenießbar; ✿ Juni–Juli, ⍥ ab September.

Wo zu finden: Schleiergesellschaften an Waldsäumen, Flussufern und Bahndämmen, ferner an Mauern und in Ruinengelände. Stammt aus dem westlichen Nordamerika, als Zierpflanze verwendet und in Auen verwildert, stellenweise eingebürgert.

Wissenswert: Sehr ähnlich ist die **Selbstkletternde Jungfernrebe** (*Parthenocissus quinquefolia*), die im östlichen Nordamerika beheimatet ist und recht häufig in verschiedenen Varietäten als deckender Fassadenkletterer angepflanzt wird. Die reifen Früchte enthalten größere Mengen Oxalsäure und sollten deshalb nicht gegessen werden. Sie werden aber gerne von größeren Singvögeln wie Drosseln und von Tauben verzehrt.

☠ *schwach giftig*

Dreispitzige Jungfernrebe

Parthenocissus tricuspidata

Merkmale: Kletterstrauch, reicht an senkrechten Mauern oder Wänden bis über 20 m hoch; Ranken nur 2–3 cm lang mit an der Unterlage befestigen Haftscheiben; Blätter lang gestielt, 10–20 cm lang, entweder ungeteilt und breit eiförmig, oder vorne 3-lappig mit spitzen, grob gezähnten Lappen oder 3-zählig mit kurz gestielten Fiedern, oberseits glänzend, kahl, unterseits mattgrün und nur auf den Blattnerven wenig behaart, im Austrieb zunächst bronzefarben rötlich-grün, im Herbst prächtig orangegelb bis intensiv scharlachrot; Blüten grünlich, klein, unscheinbar, in Schirmrispen end- oder achselständig an Kurztrieben; Beerenfrüchte bis 8 mm dick, blauschwarz, bläulich bereift, ungenießbar; ✿ Juni–Juli, ♁ ab Oktober.

Wo zu finden: Auengebüsche, flussbegleitende Gehölze, feuchte Bergmischwälder. Heimisch in Ostasien (Japan, China, Korea), häufig in Sorten zur Fassadenbegrünung angepflanzt, gedeiht auch in Großstädten prächtig.

Wissenswert: Obwohl die Pflanzen an ihren Standorten im Siedlungsraum reichlich fruchten und die Früchte vor allem bei Singvögeln beliebt sind, kommt es nur relativ selten zur Verwilderung oder gar Einbürgerung. Für den Menschen ist der Genuss der Beeren nicht empfehlenswert, obwohl Vergiftungen durch Oxalsäure erst nach Aufnahme größerer Mengen zu erwarten sind. Die Jungfernreben gehören zur Familie Weinrebengewächse. Ihre populäre Bezeichnung „Wilder Wein“ darf jedoch nicht zu der Auffassung verleiten, es handele sich um die Wildformen der in vielen Sorten kultivierten Weinrebe.

☠ *schwach giftig*

Schwarzer Nachtschatten

Solanum nigrum

Merkmale: Einjährige, 20–80 cm hohe Pflanze mit schwach kantigem, auch an der Basis krautigem Stängel; Blätter ungeteilt, breit-lanzettlich, glattrandig oder buchtig, dunkelgrün, 2–5 cm breit, 3–8 cm lang; Blüten zu 5–10 in doldigen Trauben in den oberen Blattachseln; Kronen weiß, entlang der Mittelrippe mitunter bläulich, um 1,5 cm breit, Staubblätter goldgelb, als zentraler Kegel aufgestellt; Beere glänzend schwarz (bei einigen Unterarten auch wachsgelb), um 1 cm breit, kugelig; ✿ Juni–Oktober, ab Juli.

Wo zu finden: Hackfruchtäcker, Brachen, Gärten, Schuttstellen, Ruinengelände, Siedlungen, auch in Großstädten (Bahngelände). In Europa fast überall verbreitet und stellenweise ziemlich häufig.

Wissenswert: Die Art erinnert im Aussehen stark an eine kleine Kartoffelpflanze und riecht nach Zerreiben auch nach Kartoffel. Die Samen der unreifen Frucht enthalten größere Mengen giftiger Steroidalkaloide, darunter vor allem Solasonin. Die reifen Früchte sind angeblich giftfrei. Andere toxische Alkaloide wie in den grünen Teilen der Kartoffelknolle kommen nicht vor. Bei Kleinkindern führt der Verzehr von 5–7 der schleimig säuerlich schmeckenden Beeren zu Reizerscheinungen im Verdauungstrakt mit Erbrechen und Durchfällen. Vor einer Verwendung der reifen Früchte sollte man aus Sicherheitsgründen absehen. Auch für Haustiere (Rinder, Schweine, Pferde) sind Kraut und unreife Früchte giftig.

An Flussufern, auf Brachland und an anderen Ruderalstellen kommen gelegentlich weitere *Solanum*-Arten aus der Neuen Welt als Neophyten vor. Ihre Früchte sind ebenfalls nicht für den menschlichen Konsum geeignet.

schwach giftig

Vielblütige Weißwurz

Polygonatum multiflorum

Merkmale: Mehrjährig, 30–80 cm hoch, mit bogig überhängendem, rundem Stängel; Blätter steif, oval; Blüten weiß, engglockig, bis 1,5 cm lang; Beerenfrucht kugelig, erbsengroß, anfangs rot, reif schwarz, oft bläulich bereift, 3-fächerig mit braunen Samen; ✿ Mai–Juni, ⏻ ab Juli.
Wo zu finden: Schattige Laub- und Mischwälder. Europaweit verbreitet, auch als Zierpflanze in Parkanlagen und Gärten.
Wissenswert: Die widerlich süß schmeckenden Beeren enthalten Saponine und eventuell auch herzwirksame Glykoside. Nach Verzehr zeigen sich typische Fingerhut-Vergiftungssymptome mit Erbrechen, starker Übelkeit, Halluzinationen und Herzrhythmusstörungen.

☠ *giftig*

Wohlriechende Weißwurz

Polygonatum odoratum

Merkmale: Mehrjährig, 30–50 cm hoch, Stängel aufrecht, kantig; Blätter breit-lanzettlich; Blüten weiß, engröhrig, bis 2 cm lang, einzeln (selten zu 2) in den Blattachseln; Beerenfrucht erbsengroß, schwarz, meist bläulich bereift; ✿ Mai–Juni, ⏻ ab Juli.
Wo zu finden: Laub- und Mischwälder. In Europa weit verbreitet.
Wissenswert: Wird auch Salomonssiegel genannt. Die 3-fächerigen Beeren sind ebenso zu beurteilen wie die der vorigen Art. Vergleichbar kritisch sind auch die reif roten Früchte der **Quirlblättrigen Weißwurz** (*Polygonatum verticillatum*), 30–50 cm hoch, Stängel kantig; Blätter schmal, zu 3–8 quirlständig (rings um den Stängel); Blüten um 1 cm lang, grünlich weiß, zu 2–6 in den Blattachseln.

☠ *giftig*

Purgier-Kreuzdorn

Rhamnus cathartica

Merkmale: Ziemlich sparrig verzweigter Wildstrauch bis 3 m oder seltener kleiner Baum bis 8 m; junge Triebe nur schwach behaart; Zweige graubraun, stehen nahezu rechtwinklig ab (Name!), enden gewöhnlich in langen Sprossdornen; Blätter gegenständig (beim ähnlichen Faulbaum wechselständig!), lang gestielt, elliptisch, an der Basis abgerundet, 2–7 cm lang und bis 5 cm breit, etwas gewellt, mit kurzer Spitze, fein gesägt (beim ähnlichen Faulbaum immer glattrandig!), mit 3–4 Paaren stark gebogener, unterseits leicht behaarter Seitennerven; Blüten 4-zählig, um 5 mm breit, unscheinbar grünlich bis gelblich, leicht glockig, zu 2–7 büschelig in den Blattachseln, duften angenehm; Steinfrüchte etwa erbsengroß, reif matt glänzend schwarz; ✿ April–Juni, ⏱ ab September.

Wo zu finden: Säume, Auengehölze, Gebüsche, Laubwälder, Flurhecken, meist an sonnigen, offenen Stellen, gerne auf Kalkböden, im Gebirge bis etwa 1300 m. In Europa weit verbreitet, von der Iberischen Halbinsel bis Norwegen, ferner Balkan und Eurasien bis W-Sibirien, gelegentlich als Ziergehölz angepflanzt.

Wissenswert: Die für den Menschen ungenießbaren und in größerer Menge recht giftigen Früchte haben stark abführende (= purgierende) Wirkung und werden ausschließlich medizinisch genutzt. Für Vögel sind sie dagegen eine wichtige und vor allem ungefährliche Nahrung. Daher ist der Pugier-Kreuzdorn ein wertvolles Vogelschutzgehölz.
Aus den unreifen Früchten gewann man früher einen Farbstoff, der sich im sauren Milieu rot, im alkalischen dagegen gelb zeigt. Gelegentlich wird er zum Textilfärben (vor allem im Hobbybereich) immer noch genutzt.

☠ *giftig*

Alpen-Kreuzdorn

Rhamnus alpina

Merkmale: Meist schlanker und wenig verzweigter Wildstrauch, 1–3 m; junge Triebe fein behaart bis kahl; Winterknospen mit deckenden Knospenschuppen; Blätter bis 10 cm lang, elliptisch bis breit-oval, an beiden Enden gerundet oder an der Basis leicht herzförmig, fein gezähnt, vorne mit kurzem Spitzchen, oberseits dunkelgrün, unterseits heller und auf den Adern schwach behaart, mit 7–20 nur wenig bogig verlaufenden Seitennervenpaaren; Blüten unscheinbar grünlich gelb, meist zweihäusig, 4-zählig, büschelig in den Blattachseln; Steinfrüchte blauschwarz, Samen glänzend gelb; ✿ Mai–Juli, ⚲ ab Juli.
Wo zu finden: Gebüsche, Waldränder, Gehölzsäume an Fließgewässern, trockene, sonnige Felshänge. Gebirge in Nordwestafrika und Südeuropa von den Pyrenäen über Italien und Österreich bis zum Balkan, fehlt im deutschen Alpengebiet. Gelegentlich als Ziergehölz gepflanzt.
Wissenswert: Der deutsche Gattungsname geht auf die Stellung der bei vielen Arten vorkommenden Sprossdornen zurück – diese bilden mit den geraden Ästen ein rechtwinkliges Kreuz. Der wissenschaftliche Gattungsname greift einen Begriff auf, unter dem der antike Arzt und Naturforscher Dioskurides (1. Jahrhundert n. Chr.) verschiedene Dornsträucher des Mittelmeergebietes zusammenfasste. Die Früchte enthalten wie die übrigen Arten der Gattung Glykoside und Triterpensaponine. Nach deren Genuss sind Beschwerden im Verdauungstrakt zu erwarten.

☠ giftig

Schwarzbeerige Zaunrübe

Bryonia alba

Merkmale: Mehrjährige Kletterpflanze, erreicht etwa 2–4 m Höhe; Stängel dünn, klettert mit unverzweigten, anfangs geraden, später nach Kontakt mit einer Wuchsunterlage schraubig gewundenen Blattranken; Blätter sehr ungleich 5-lappig, mittlerer Lappen viel länger als die seitlichen, scharf gezähnt, borstig behaart; Blüten unscheinbar grünlich oder reinweiß, Narben immer unbehaart, Blütenkrone nur etwa so lang wie der Kelch, (meist) einhäusig; Beerenfrucht kugelig, einsamig, reif matt glänzend schwarz; ✿ Juni–Juli, ◌ ab Juli.

Wo zu finden: Säume, Gebüsche, Zäune, Schleiergesellschaften an Waldrändern und Bachufern. Stammt aus Ost- und Südosteuropa, in Deutschland meist nur aus Gärten verwildert und stellenweise eingebürgert, relativ selten und daher an allen Standorten unbedingt schützenswert.

Wissenswert: Die ziemlich scharf und unangenehm schmeckenden Beeren enthalten wie die der nahe verwandten Rotbeerigen Zaunrübe (Seite 65) gefährliche Mengen an Triterpenglykosiden, die schwere Reizungen der Verdauungsorgane mit Erbrechen und drastischen Durchfällen hervorrufen. In schweren Fällen kann es sogar zu Atemlähmung kommen. Für Kinder können schon etwa 12 Beeren tödlich wirken. Die früher auch in der Volksheilkunde als drastisches Abführmittel oder fallweise sogar für gefahrvolle illegale Abtreibungen eingesetzte Pflanze verwendet man heute fast nur noch in der homöopathischen Medizin bei Fieber und Katarrhen. Der wissenschaftliche Artname bedeutet wörtlich übersetzt „Weiße Zaunrübe“, und so erscheint die Pflanze auch in manchen Bestimmungsbüchern. Diese Bezeichnung bezieht sich auf die weiße Wurzelrübe.

☠ giftig

Zwerg-Holunder, Attich

Sambucus ebulus

Merkmale: Mehrjährige und im Unterschied zu den übrigen Holunderarten kein Gehölz, sondern eine zwar stattliche, aber krautige Pflanze, die aufrechten Stängel werden bis etwa 1,5 (mitunter auch 2) m hoch; Blätter gegenständig, gefiedert, mit 7–9 ungefähr gleich großen, gesägten Fiedern, riechen nach Zerreiben ausgesprochen widerlich; Blüten weiß oder fallweise leicht rötlich, in endständigen, bis 10 cm breiten, flachen Schirmrispen, Kronen; Fruchtstände auch in der Reife immer aufrecht, nicht überhängend. Steinfrüchte anfangs grünlich, reif glänzend tiefschwarz, 3-samig; ✿ Juni–Juli, ⏀ ab Ende Juli.

Wo zu finden: Wegränder, Waldsäume, Flurgebüsche, Lichtungen, gerne auf steinigem, aber lockergründigem Boden; im Gebirge bis etwa 1500 m. In Europa ist der Zwerg-Holunder weit verbreitet, ferner in Nordafrika und Kleinasien. In Deutschland eher verstreut. Die Art fehlt im nördlichen Tiefland oder hier als Neubürger anzutreffen.

Wissenswert: Die 3-kernigen und unangenehm brennend scharf schmeckenden Steinfrüchte sind schon seit langem als recht giftig bekannt. Sie enthalten Bitterstoffe und weitere Komponenten, die zu starken Reizungen im Magen-Darm-Trakt führen können und Übelkeit, Erbrechen sowie starke Durchfälle hervorrufen. Arzneilich wird die Art kaum noch verwendet – für wenige homöopathische Zubereitungen gewinnt man Wirkstoffe aus der Wurzel.
Die Blüten führen im Unterschied zu den anderen beiden heimischen Holunder-Arten reichlich Nektar und werden daher gerne von Schmetterlingen besucht. Alle Teile der Pflanze sind insbesondere für Pferde sehr giftig.

☠ *giftig*

Wolliger Schneeball

Viburnum lantana

Merkmale: Kräftiger Strauch mit aufrechten Ästen, 1–4 m; Triebe braun, durch formschöne Sternhaare (Lupe!) dicht filzig; Blätter gegenständig, 1–3 cm lang gestielt, 5–12 cm lang und bis 6 cm breit, dicklich, aber weich, scharf gesägt, matt grün, unterseits graufilzig; Blüten weißlich oder hell cremefarben, ohne vergrößerte Randblüten, zahlreich in 5–10 cm breiten, meist 7-strahligen, filzigen, leicht gewölbten Schirmrispen, duften etwas unangenehm; Steinfrüchte oval, anfangs grün, dann leuchtend rot, reif zuletzt glänzend schwarz, zeitweilig alle drei Farben im gleichen Fruchtstand; ✿ April–Juni, ⊙ ab September.

Wo zu finden: Lichte Laubwälder, Gebüsche, Wegränder, gerne auf trockeneren Kalkböden. In Mittel- und Südeuropa, von den Britischen Inseln bis ins Mittelmeergebiet, fehlt in Deutschland im nordwestlichen Tiefland, häufig auch im Straßenbegleitgrün oder in Parkanlagen gepflanzt.

Wissenswert: Die Bedenklichkeit der attraktiv aussehenden Früchte geht im Wesentlichen auf Glykoside und Saponine zurück. Sie werden meist aber als weniger giftig als die des Gewöhnlichen Schneeballs (Seite 63) eingeschätzt. Werden größere Fruchtmengen gegessen, sind in jedem Fall ernsthafte Beschwerden im Verdauungstrakt zu erwarten. In Gärten und Parkanlagen werden weitere Schneeballarten gepflanzt, die ähnlich zu bewerten sind, darunter auch der recht häufige **Runzelblättrige Schneeball** (*Viburnum rhytidophyllum*).
Im Unterschied zum Gewöhnlichen Schneeball sind die stark nach Fisch riechenden Blüten dieser Art alle gleichförmig – es gibt im Blütenstand keine strahlenden Randblüten.

giftig

Gewöhnliche Stachelbeere

Ribes uva-crispa

Merkmale: Ästiger Wildstrauch mit bestachelten Zweigen, 0,5–1,5 m hoch; Stacheln 1- bis 3-teilig, sehr spitz, bis 1 cm lang; Triebe behaart; Blätter wechselständig, meist in der Achsel der langen Stachel, oft in kleinen Büscheln, im Umriss rundlich, an der Basis herzförmig, Beerenfrüchte rundlich, bis 2 cm groß, grünlich, borstig behaart, durchscheinend längsstreifig; ✿ April–Mai.

Wo zu finden: Auenwälder, lichte Gebüsche, Wildhecken, im Gebirge bis etwa 1400 m. Süd-, West- und Mitteleuropa, in vielen Gebieten eingebürgert. Häufig in Sorten als Beerenobst mit gelblichen oder rötlichen Früchten kultiviert.

Wie verwenden: Roh als Frischobst, Torten- oder Kuchenbelag, eingekocht als Konfitüre, Kompott oder Gelee, gedünstet zu Geflügel- und Rinderbraten oder in Aufläufen und Muffins.

Wissenswert: Die Beeren enthalten in 100 g essbarem Anteil etwa 35 mg Vitamin C und je knapp 0,02 mg der Vitamine B1 und B2 – mehr als ausreichend für die tägliche Versorgung. Hinzu kommen noch etwa 3 g Ballaststoffe und etwa 0,4 g Mineralstoffe sowie organische Säuren, die im Wesentlichen den Geschmack bestimmen.

Die weltweit mit deutlich über 100 Arten vertretene Gattung *Ribes* ist die einzige in der Familie der Stachelbeergewächse.

Die modernen und großfrüchtigen Kultursorten entstanden allesamt erst seit dem 18. Jahrhundert durch Einkreuzen nordamerikanischer Arten. Sie sind also genetisch mit der heimischen Wildform nur noch bedingt zu vergleichen.

ab Juli

Kapernstrauch

Capparis spinosa

Merkmale: Strauch mit kurzen, meist liegenden oder kriechenden Stämmchen und aufsteigenden, rutenförmigen Ästen, bis 1 m hoch; Blätter rundlich bis breit oval, vorne stumpf oder leicht ausgerandet, graugrün; Blüten einzeln, lang gestielt in den Blattachseln, Staubblätter lang, hellviolett oder weißlich; ✿ April–September.
Wo zu finden: Fast überall im Mittelmeergebiet, ferner Krim, Kanarische Inseln, Südwest-Asien, häufig auch kultiviert oder als Zierpflanze verwendet.
Wie verwenden: Auch wenn sie so ähnlich aussehen, sind die olivgrünen, erbsen- bis pfefferkorngroßen Kapern keine Früchte, sondern die noch nicht geöffneten Blütenknospen. Nach der Ernte lässt man die Knospen einige Tage welken, und erst dabei entwickelt sich der charakteristische Geschmack. Da sie trocken aufbewahrt sehr rasch ihr Aroma verlieren, legt man sie in gesalzten Weinessig oder in Olivenöl ein und verwendet die leicht bitter bis herb schmeckenden Knospen als Gewürz zu Fisch- und Fleischspeisen (Königsberger Klopse), außerdem zum Aromatisieren von pikanten Saucen und Gemüsezubereitungen.
Wissenswert: Bei den im Handel erhältlichen Kapern gibt es verschiedene Sorten und Qualitäten. Ersatzweise verwendet man ähnlich aufbereitete Blütenknospen der **Kapuzinerkresse** (*Tropaeolum majus*). Sie tragen auch die Bezeichnung Deutsche Kapern.

Tipp

Kapern selbst gemacht
Die noch unreifen Früchte der Weg-Malve (Seite 163) legt man in Essig ein und verwendet sie als Kapernersatz.

ab August

Ölbaum

Olea europaea

Merkmale: Immergrüner Großstrauch oder kleinerer Baum mit kurzem, gekrümmtem Stamm, bis 15 m hoch; Blätter lanzettlich, oberseits matt dunkel graugrün, unterseits grauweiß oder hellbräunlich behaart; Blüten klein, mit weißlicher Krone; Steinfrucht (Olive) mit ölhaltigem Fruchtfleisch; ✿ Juni–August.

Wo zu finden: Von der Atlantikküste der südlichen Iberischen Halbinsel und Nordwest-Afrika (Marokko) bis Israel; häufig angepflanzt; Kulturen heute auch in Australien, Südafrika, Kalifornien und Japan.

Wie verwenden: Die grünen bis blauschwarzen Oliven erntet man vor der Vollreife ab Oktober. Die kalte Pressung liefert das wertvollste Olivenöl, die zweite (warme Pressung) ein immer noch als Speiseöl verwendbares Produkt. Speiseoliven stammen oft von besonderen Sorten. Sie werden durch Einlegen in alkalische Kochsalzlösungen von Bitterstoffen befreit und dann mit Gewürzen aromatisiert und gelegentlich mit Mandeln, Paprika oder Knoblauch gefüllt.

Tipp

Eigener Olivenbaum

Bringen Sie von Ihrer nächsten Reise eine vollreife schwarze Olive mit. Etwa 2 cm tief mit der Spitze nach oben in einen Pflanztopf mit lockerer, leicht kalkhaltiger Anzuchterde stecken und halbierte Plastikflasche darüber stülpen, um die Luftfeuchtigkeit hoch zu halten. Die Keimung kann wenige Wochen, aber auch bis zu 3 Monate dauern. Die Jungpflanzen benötigen einen hellen, warmen Platz und ertragen keine Staunässe.

ab Oktober

Feigenbaum

Ficus carica

Merkmale: Baum oder großer Strauch bis 10 m; Blätter etwas lederig, handförmig in 3–5 ungleich große, nach vorne verbreiterte, rundliche Lappen geteilt, oberseits rauhaarig, unterseits blasser und nur auf den Hauptnerven weißlich behaart; Blüten sehr klein, im Inneren eines unauffälligen, krugförmigen, grünlichen Blütenstands mit schmaler Öffnung für die Bestäuber; die erntereif gelblich, rosa oder violett gefärbten und innen weichen Feigen sind die verdickten Fruchtstände; ✿ Juni–September.

Wo zu finden: Wild oder verwildert wächst er auf steinigen, trockenen, sommerwarmen Böden in Gebüschen an Felshängen. Feigenbäume gedeihen in wintermilden Gebieten (Weinbauregion) auch in Deutschland. Stammt aus Südwest- und Vorderasien, wurde hier schon vor 5000 Jahren kultiviert und ist spätestens seit dem Altertum auch im Mittelmeerraum bekannt. Heute ist die Art in zahlreichen Sorten mit ganz unterschiedlichen Früchten weltweit verbreitet.

Wie verwenden: Man isst die recht süß schmeckenden Feigen frisch, getrocknet, zur Paste verarbeitet oder eingelegt in Branntwein, Madeira und anderen Spirituosen. Der häufig weiße Belag auf getrockneten Feigen aus dem Handel ist überwiegend auskristallisierter Traubenzucker.

Wissenswert: Die erntereifen Feigen sind keine aus dem Fruchtknoten hervorgehenden Früchte im üblichen Sinne, sondern die stark verdickten und krugförmig gestalteten Blütenstandsachsen. Sie stellen Steinfruchtverbände dar – jedes darin enthaltene Körnchen ist genau genommen eine kleine selbständige Steinfrucht.

Einzigartig ist bei den Feigen die komplizierte Bestäubungsbiologie: Die Holz- oder Bocksfeige liefert nur die erforderlichen Pollen. Diese werden ausschließlich von einer Gallwespenart in die weiblichen Blüten(stände) der Hausfeige

ab September

übertragen. Die Wespenlarven benötigen für ihre Entwicklung bei den Wildfeigen eine dritte Blütenstandsgeneration mit kurzgriffeligen weiblichen Blüten (= Nachfeigen), während sie sich bei den Kultursorten auf die Bocksfeigen beschränken können.

Rezept

Hors d'oeuvre Bordighera

Für 4 Portionen:

8 vollreife, frische, blauschwarze Feigen
1 kleine Honigmelone
8 dünne Scheiben Parmaschinken
1 Glas Port- oder Muskatwein (z. B. „Muscato di Zucco")

Feigen schälen, halbieren und kreisförmig auf vier Teller verteilen. Melone halbieren, Kerne entfernen, Fruchtfleisch von der Schale lösen und in 8 Segmente schneiden. Fruchtstücke mit etwas Wein übergießen, jedes Melonenstück mit Schinkenscheibe umwickeln. Kalt servieren.

Feigenkompott

250 g Feigen
2 TL Vanillezucker
1–2 EL Maraschino (trockener Kirschlikör)

Frische Feigen schälen, in Stücke schneiden, in Vanillezucker leicht dünsten und dann mit Maraschino aromatisieren. Kalt servieren.

Gewöhnliche Schneebeere

Symphoricarpos albus

Merkmale: Strauch mit Ausläufern, 1–2 m hoch; Triebe anfangs fein behaart; Zweige dünn, schwach kantig, hängen bogig über; Blätter gegenständig, rundlich-elliptisch, 4–6 cm lang, an Langtrieben oft deutlich größer, oberseits dunkelgrün, unterseits heller bläulich grün; Blüten weißlich oder rötlich, glockig, 4–6 mm lang, in Ähren; beerenartige Steinfrüchte dicht gedrängt an den Zweigenden, mit schwammigem Fruchtfleisch, kugelig, meist ungleich groß, 0,5–1,5 cm dick, weiß, ungenießbar; ✿ Juni–Juli, ab September.

Wo zu finden: Saum von Nadelwäldern, Auengehölze. Heimisch in Nordamerika von Quebec bis Alaska, südlich bis Arizona. Häufig als Park- bzw. Heckengehölz und auf Friedhöfen angepflanzt, stellenweise verwildert und eingebürgert.

Wissenswert: Die bei Kindern als „Knallerbsen" beliebten Schneebeeren enthalten Saponine. Die Giftigkeit dieser Art ist allerdings umstritten. Der versehentliche Verzehr von 3–5 dieser Früchte führt meist nicht zu bedenklichen Vergiftungssymptomen. Von der Verwendung als Wildobst ist abzuraten. Ebenso ist die nahe verwandte und recht ähnliche, in Parkanlagen angepflanzte **Korallenbeere** (*Symphoricarpos orbiculatus*) zu bewerten. Die kugeligen, ungleich großen Früchte sind sortenabhängig blass rosa bis purpurrot. Beide Arten sind wertvolle Vogelschutzgehölze.

Die Art vermehrt sich vor allem vegetativ durch unterirdische Kriechsprosse und kann so in kurzer Zeit große Bestände aufbauen. Mancherorts gilt sie in Siedlungsnähe daher als Problempflanze. Die kleinen, eher unscheinbaren Blüten sondern in der Kronröhre reichlich Nektar ab und werden daher gerne von Schwebfliegen, Hummeln und Bienen angeflogen.

☠ *giftverdächtig*

Laubholz-Mistel

Viscum album

Merkmale: Immergrüner, gabelig verzweigter, kugeliger Strauch, bis 1 m Durchmesser, parasitiert auf Laubbäumen; Zweige gelblich grün, biegsam, kahl, rundlich; Blätter länglich-zungenförmig, gegenständig, sitzend, um 5 cm lang und bis 1 cm breit, auffällig lederig-derb, vorne gerundet, gelblich grün, fallen nach etwa 15 Monaten grün ab; Blüten unscheinbar, gelblich, zweihäusig, in den Achseln winziger Hochblätter an den Sprossenden; Scheinbeere kugelig, weißlich, mit stark klebrigem Fruchtfleisch und mehreren darin eingebetteten Samen; ✿ März–Mai, ⏀ ab November des gleichen Jahres.

Wo zu finden: Pappeln, Weiden, Birken, Hainbuchen, Robinien, Kastanien und Obstgehölze (vor allem Apfelbäume), nicht dagegen auf Buchen oder Eichen. In Mittel- und Süduropa, nördlich bis Skandinavien, ferner bis Vorderasien, von der Ebene bis ins Bergland, hier bis etwa 1300 m.

Wissenswert: Alle Teile der Pflanze enthalten komplexe Stoffgemische, die unterschiedlich wirken. Bei Verzehr der beerenähnlichen Früchte sind erhebliche Verdauungsbeschwerden zu erwarten. Ähnlich ist die nur auf Nadelhölzern (außer auf Lärchen) wachsende und relativ seltene **Nadelholz-Mistel** (*Viscum laxum*) zu bewerten. Deren Früchte sind etwas gelblicher als bei der Laubholz-Mistel. Die Verbreitung der Samen erfolgt meist durch Vögel, oft durch die Misteldrossel.

Die Giftigkeit der Misteln geht auf Polypeptidgemische zurück, die man als Viscotoxine bezeichnet. Am giftigsten sind eigenartigerweise die auf Ahorn wachsenden Exemplare, als deutlich weniger toxisch gelten die (häufigen) Misteln auf Apfelbäumen. Die Gründe dafür sind noch unklar. Viscotoxine setzt man versuchsweise in der Krebstherapie ein.

giftig

Mispel

Mespilus germanica

Merkmale: 3–5 m hoher Strauch oder kleiner Baum; junge Triebe filzig behaart, Zweige eventuell bedornt (nur Kultursorten dornenlos), Rinde anfangs graubraun, glatt; Blätter kurz gestielt bis sitzend, länglich-oval bis elliptisch, an der Basis keilförmig, kurz zugespitzt, leicht runzlig, oberseits glänzend dunkelgrün, unterseits filzig, im Herbst kräftig gelbrot; Blüten einzeln, groß, weiß; Mispelfrucht (Scheinfrucht) birnenförmig und oben abgeflacht, mit 5-teiligem Krönchen aus bleibenden Kelchblättern; ✿ Mai.

Wo zu finden: Nährstoffreiche, tiefgründige, lockere Böden in Gebüschen und an Waldrändern, ferner in lichten Eichen-Hainbuchenwäldern. Von Westasien bis nach Südeuropa, in Mitteleuropa vor allem in den Weinbauregionen als dekoratives Obstgehölz kultiviert und stellenweise verwildert.

Wie verwenden: Die mehligen, aber spezifisch aromatisch schmeckenden Mispelfrüchte kann man erst nach kräftiger Frosteinwirkung genießen, denn vorher enthalten sie zu reichlich Gerbstoffe – sie werden dann dunkelbraun und weich. Roh oder gekocht verzehrt man sie als Obst bzw. Kompott sowie in Mischung mit anderen anreichernden Obstsorten.

Wissenswert: Der wissenschaftliche Name täuscht: Die Mispel ist kein ursprünglich germanisches Gehölz, sondern wurde erst von den Römern nördlich der Alpen eingeführt. Der etwas irreführende Name „Deutsche Mispel" geht auf den Erstbeschreiber Caspar Bauhin zurück, der die Art erst in Deutschland kennenlernte. Mispeln blühen verhältnismäßig spät im fortgeschrittenen Frühjahr, als letzte der üblichen Obstarten.

ab November

Gewöhnliche Hasel

Corylus avellana

Merkmale: Großer Strauch, 2–6 m, Triebe feinfilzig; Rinde älterer Äste glänzend dunkelbraun mit Korkwarzen; Blätter rundlich bis verkehrteiförmig, mit schlanker Spitze und leicht schiefem Blattgrund, doppelt gesägt und schwach gelappt; Blüten einhäusig, männliche Blüten in hellgelben, 3–8 cm langen Kätzchen, weibliche in wenig verdickten Knospen, mit 2 mm langen, karminroten Narben; Nuss in anliegender, bleicher Hülle, diese kaum länger als die Frucht; ✿ Januar–April.

Wo zu finden: Waldränder, Gebüsche, Feldgehölze, Ufer, vom Tiefland bis etwa 1400 m (Alpen). In Europa von Skandinavien und den Orkney-Inseln bis zum Balkan. Die gewöhnliche Hasel wird häufig gärtnerisch verwendet.

Wie verwenden: Haselnüsse isst man roh oder leicht geröstet, ganz oder gemahlen. Traditionell werden sie zu allerhand Backwerk verwendet. Haselnussöl ist ein wertvolles Speiseöl, weil es reich an ungesättigten Fettsäuren ist. In der Natur gesammelte Haselnüsse sind weniger haltbar als käufliche und sollten rasch verzehrt werden.

Wissenswert: Haselnüsse spielten schon bei den Menschen der Steinzeit eine bedeutende Rolle. Häher und Eichhörnchen verbreiten die Art durch ihre vergessenen Depots. Die Nuss bleibt aber nur bis zum folgenden Frühjahr keimfähig.

Achtung!

Empfindliche Personen reagieren insbesondere auf frische und nicht erhitzte Haselnüsse allergisch!

ab September

Baum-Hasel

Corylus colurna

Merkmale: Bis 20 m hoher Baum mit breiter Krone; Rinde graubraun und schuppig; Blätter doppelt gesägt und leicht gelappt, sehr fest, bis 12 cm lang, breiteste Stelle im vorderen Drittel; Blüten einhäusig, männliche Kätzchen bis 12 cm lang, in Gruppen an den Zweigenden, schlaff, weibliche Kätzchen kurz, in dicken Knospen, zur Blütezeit nur an den etwa 5 mm langen, büschelig vorragenden, karminroten Fadennarben erkennbar; Nussfrucht bis 2 cm lang, dickschalig, in einer festen, hellgrünen, drüsig behaarten, sehr klebrigen Hülle mit tief zerteilten Zipfeln; ✿ Februar–April.

Wo zu finden: Bergwälder auf lockeren, nährstoffreichen Böden. Ursprünglich nur im südöstlichen Europa und in Kleinasien, häufig als raschwüchsiger Straßen- und Parkbaum.

Wie verwenden: Die reifen und in Mengen produzierten Nüsse sind essbar und schmecken ebenso wie heimische Haselnüsse. Sie sind allerdings etwas mühsam aus ihrer klebrigen und zähen Fruchthülle zu befreien. Man verwendet sie im Prinzip so wie die heimischen oder marktüblichen Haselnüsse. Eine ökologisch wertvolle Alternative wäre die Verwendung bei der Winterfütterung der Vögel: Nusskerne aus der Schale lösen, eventuell etwas zerhacken und – zusammen mit Erdnüssen oder weiteren Nüssen – als Streufutter auslegen.

Wissenswert: Die Baum-Hasel ist sehr anspruchslos und vor allem äußerst widerstandsfähig gegen Abgase. Sie wird deshalb immer wieder zur Begrünung von Straßenrändern und in städtischen Grünanlagen verwendet. Gelegentlich sieht man in Parkanlagen einen baumförmigen Bastard zwischen dieser Art und der heimischen Hasel – er steht in den Blattmerkmalen zwischen den Eltern.

ab September

Rezept

Karamellisierte Haselnüsse

200 g geschälte Haselnüsse
50 g Zucker
1 EL Walnussöl
nach Geschmack etwas Chili-, Zimt- oder Ingwerpulver

Nüsse, Zucker und 40 ml Wasser sowie ggf. Gewürze in eine beschichtete Pfanne geben und bei mittlerer Hitze unter ständigem Rühren karamellisieren lassen, bis der Zucker bräunlich wird und an den Nüssen haftet. Das Öl einrühren, damit die Nüsse nicht zusammenkleben. Dann nebeneinander auf ein Backpapier legen und abkühlen lassen. Schmecken gut mit Vanilleeis oder einfach so.

Nusskonfitüre

500 g geschälte Haselnüsse
250 ml Sahne
250 g brauner Zucker
150 ml Wasser

Die Nüsse grob hacken. Zusammen mit der Sahne mit dem Pürierstab oder im Mixer fein zerkleinern; es entsteht eine dicke Paste. In einem großen Topf 150 ml Wasser mit dem Zucker aufkochen und etwas köcheln lassen. Dann löffelweise die Nusspaste hinzugeben und einrühren. Am Ende alles noch kurz aufkochen lassen, sofort heiß in Schraubdeckelgläser füllen. Hervorragend als Brotaufstrich, Füllung für Torten oder zu Waffeln.

Lamberts-Hasel

Corylus maxima

Merkmale: Breitwüchsiger Strauch, bis 10 m; Triebe feinfilzig behaart; Rinde älterer Äste glänzend dunkelbraun mit helleren Korkwarzen; Blätter sehr kurz gestielt, bis 15 cm lang, im Umriss rundlich bis breit oval, mit betont schlanker, etwas abgesetzter Spitze, Blattgrund angedeutet herzförmig, doppelt gesägt und nur schwach gelappt; Blüten einhäusig, in allen Merkmalen dem heimischen Haselnussstrauch recht ähnlich; die bis 2,5 cm lange und im Vergleich zur heimischen Haselnuss rundlichere sowie etwas breitere Nussfrucht steckt in einer samtig behaarten, röhrenförmigen, tütenartig geschlossenen und vorne verengten Fruchthülle; ✿ Februar–März.

Wo zu finden: Ursprünglich nur in Südosteuropa (Mazedonien, Griechenland), Kleinasien (Türkei) und im Kaukasus. Auf den Britischen Inseln ist sie eingebürgert, in Mitteleuropa und in den USA wird sie in Plantagen kultiviert.

Wie verwenden: Diese Art liefert die – meist aus der Türkei stammenden – marktüblichen und vor allem in der Weihnachtszeit als Backzutat gehandelten Haselnüsse. Sie sind in mehreren Fruchtsorten auf dem Markt und etwas haltbarer als die heimischen Wildfrüchte.

Wissenswert: In öffentlichen Grünanlagen und größeren Gärten sieht man häufig eine als Blut-Hasel bezeichnete Varietät dieser Art mit dekorativen, tief schwarzroten Blättern und rötlichen Kätzchen. Die Nüsse dieser Gartenform sind prinzipiell genauso verwendbar wie übliche Haselnüsse.

ab September

Gewöhnliche Rosskastanie

Aesculus hippocastanum

Merkmale: Sommergrüner, bis 25 m hoher Baum mit hoher Krone auf meist kurzem, gedrungenem, nicht selten drehwüchsigem Stamm, Rinde anfangs hellbraun und glatt, später zunehmend dunkel- bis schwarzbraun und in gröbere Platten gefeldert, die Endknospen sind auffallend groß und stark klebrig; Blätter gegenständig, Blattstiel bis 20 cm lang und grünlich, Blattspreite bis 25 cm lang und fast ebenso breit, handförmig gefiedert, Fiedern 5–7, Einzelfieder verkehrteiförmig, an der Basis keilförmig, dunkelgrün; Blüten weiß bis rosa, in aufrechten, bis 30 cm langen Scheinrispen; Kapselfrucht 5–6 cm dick, grünlich, bestachelt, mit 1–2 glänzend rotbraunen Samen („Kastanien"); ✿ Mai, ⍥ ab September.
Wo zu finden: Nährstoffreiche, frische bis feuchte, lockere Lehmböden in Bergwäldern. Ursprünglich nur im nördlichen Balkan. Heute überall in Europa sowie in Nordamerika eingebürgert. Typgehölz von Dorfplätzen, Stadtparks, Schulhöfen und Biergärten und damit so populär, dass die fremdländische Herkunft nicht mehr wahrgenommen wird.
Wissenswert: Ihren Namen erhielt die Art nach ihrer Verwendung. In der Türkei sollen damit Atemwegserkrankungen von Pferden kuriert worden sein. Die reifen Samen sind leicht giftig. Sie enthalten vor allem Saponine und Flavonglykoside, die heute heilkundlich zur Behandlung von Gefäßerkrankungen eingesetzt werden. Die glänzenden Rosskastanie ist übrigens eine Weltmeisterin. Tatsächlich gehören die reifen Rosskastanien mit ihrem Frischgewicht von bis zu 40 Gramm zu den größten und schwersten Samenkörnern überhaupt.

leicht giftig

Ess-Kastanie, Edel-Kastanie

Castanea sativa

Merkmale: Bis über 30 m hoher Baum mit dichter Krone; Stamm bis über 2 m dick, Rinde anfangs glatt rötlich grau bis braun, später tiefrissig mit dichtem Leistennetzwerk; Blätter länglich-lanzettlich, schlank zugespitzt, mit nach vorne weisenden Zähnen, an den Zweigen 2-zeilig sitzend, 10–30 cm lang, oberseits glänzend dunkelgrün, unterseits blasser, lederig; Blüten einhäusig; Nussfrucht bis 3 cm lang, zu 1–3 in einem spitz und dicht bestachelten, hellgrünen Fruchtbecher, geht aus den Tragblättern der Einzelblüten hervor und öffnet sich zur Reifezeit mit 4 breiten Zipfeln; ✿ Juni–Juli.

Wo zu finden: Ursprünglich von Spanien über den Südalpenraum bis zum Balkan und nach Kleinasien, in Norditalien bis 1400 m. In wintermilden Gebieten nur in großen Parks zu sehen, im Rheinland auch aus Kultur verwildert. Auch im südlichen Pfälzer Wald sind zahlreiche Ess-Kastanienbäume anzutreffen.

Wie verwenden: Die auch als Maronen bezeichneten Früchte waren vor der Einführung des Kartoffelanbaus ein wichtiges Grundnahrungsmittel, denn die dicken Keimblätter enthalten viel Stärke und nur wenig Fett. Heute verwendet man sie meist in Suppen oder als Püree. Traditionell werden sie geröstet auf Weihnachstmärkten angeboten.

Achtung!

Vor dem Rösten sollte man die harte Schale mit einem schmalen Schnitt aufschlitzen – sonst besteht Explosionsgefahr!

ab September

Wissenswert: Nördlich der Alpen war die Ess-Kastanie vermutlich nie zu Hause. Hierher haben sie die Römer zusammen mit dem Weinbau und mit anderen Kulturpflanzen gebracht. Umgangssprachlich werden die Edel-Kastanien (Maronen) mitunter mit Rosskastanien (Seite 121) verwechselt.

Rezept

Glasierte Maroni

500 g Ess-Kastanien
2 EL brauner Zucker
2 EL Butter

Den Backofen auf 220 °C vorheizen. Die Schale der Ess-Kastanien kreuzweise einschneiden und auf ein Backblech geben. Nach 20 Minuten – die Schale platzt etwas auf – herausholen und schälen. In Butter und Zucker in einer beschichteten Pfanne glasieren.

Maronenhonig

250 g Ess-Kastanien
500 g Honig

Die Ess-Kastanien wie links beschrieben im Ofen rösten und schälen. Im Mixer fein zerkleinern und mit dem Honig in einen Topf geben. Bei geringer Temperatur etwa 10 Minuten unter Rühren erwärmen. In Gläser abfüllen. Sehr gut als Brotaufstrich.

Rot-Buche

Fagus sylvatica

Merkmale: 20–30 m hoher Baum, Stamm in mehrere starke Äste geteilt; Rinde stets glatt oder wenig aufgeraut, bleigrau, an den Zweigen dunkel rötlich braun mit einzelnen Korkwarzen; Blätter länglich-elliptisch, 5–10 cm lang, mit 5–7 starken Seitennerven, am Rande leicht gewellt und nach dem Austrieb lang bewimpert, oberseits glänzend dunkelgrün; Blüten einhäusig, männliche Blütenstände lang gestielt, halbkugelig, hängend, weibliche in einem gestielten, meist aufrechten, filzig behaarten grünen Becher; Nussfrucht (= Buchecker) 3-eckig, um 2 cm lang, glänzend dunkelbraun, zu 2–4 in einer 4-klappigen, verholzten, stacheligen Hülle; ✿ April–Mai.

Wo zu finden: Auf basischen oder mäßig sauren, frischen, nährstoffreichen, tiefgründigen Böden, meidet Gebiete mit starker sommerlicher Trockenheit, wichtigster Baum der für Mitteleuropa so typischen Buchenwälder. Von Nordspanien über Mitteleuropa und Südskandinavien bis zum Schwarzmeergebiet, im südlichen Europa überwiegend im Bergland.

Wie verwenden: Bucheckern enthalten bis etwa 20 % Öl mit einem bemerkenswert hohen Anteil an ungesättigten Fettsäuren; Bucheckernöl gilt daher auch als besonders wertvolles Speiseöl. Die Bucheckern darf man aber nicht roh verzehren, da sie Giftstoffe enthalten, die jedoch beim Erhitzen zerstört werden. Da sich die derben Schalen erntefrischer Bucheckern schlecht lösen lassen, röstet man sie ohnehin kurz, aber heftig in der trockenen Pfanne. Die Kerne lassen sich dann in kleinen Mengen ähnlich verwenden wie Pinienkerne (Seite 129). Das Laub kann zu Likör aufgesetzt werden.

Wissenswert: Im Frühjahr fallen in den Buchenwäldern die Keimpflanzen der Rot-Buche mit ihren beiden großen, halbrunden Keimblättern auf. Die Blutbuche ist eine häufige, rotlaubige

ab September

Gartenform, deren Früchte die gleichen Eigenschaften aufweisen wie die übliche Form.

Achtung!

Bucheckern enthalten unter anderem Alkaloide und Saponine neben anderen Komponenten, die nach Genuss größerer Mengen (mehr als 10–20) Übelkeit, Erbrechen und Durchfälle hervorrufen können. Im Bucheckernöl sind diese Stoffe nicht enthalten. Beim Erhitzen werden sie (großenteils) zerstört. Dies betrifft übrigens auch Eicheln unserer beiden heimischen Arten **Stiel-Eiche** (*Quercus robur*) und **Trauben-Eiche** (*Q. petraea*). Diese sind allerdings auch geröstet durch den hohen Gerbstoffgehalt bitter und ungenießbar.

Rezept

Buchenblatt-Likör

2 Hände voll junger, zartgrüner Buchenblätter
1 Flasche Gin
500 g Zucker (oder mehr, wenn der Likör dickflüssiger werden soll)
1 Spritzer Brandy

Die gründlich gewaschenen Buchenblätter in einem Steinguttopf mit Gin bedecken. Den Ansatz etwa zwei Wochen stehen lassen und nach dieser Zeit die nun hellgrüne Flüssigkeit abgießen. Zucker in wenig heißem Wasser auflösen und zugeben. Zur Abrundung einen Spritzer Brandy hinzugeben. Gut verrühren und nach Abkühlen in Flaschen abfüllen.

Gewöhnlicher Walnussbaum

Juglans regia

Merkmale: Bis 23 m hoher Baum mit gegabeltem Stamm; Rinde anfangs glatt und grau, später tiefrissig gefurcht; Blätter gefiedert, 20–40 cm lang, Fiedern bis 12 cm lang, elliptisch, ganzrandig oder schwach gezähnt, lederig, duften beim Zerreiben nach Terpentin; Blüten einhäusig, männliche in 3–10 cm langen, dicken, nach unten gekrümmten Kätzchen, weibliche unauffällig, hellgelb, an den Enden jüngerer Zweige; Steinfrucht 4–6 cm dick, Hülle glatt, grün, gerbstoffreich, verfärbt sich beim Öffnen schwarz, Steinkern (= Wal„nuss") hellbraun, runzlig, 2–3,5 cm (bei Kultursorten bis 7 cm); ✿ April–Mai.

Wo zu finden: Bevorzugt tiefgründige, nährstoffreiche, kalkhaltige Böden. Ursprünglich nur vom Balkan bis Südwestasien verbreitet, seit der Römerzeit auch nördlich der Alpen weit verbreitet und häufig als Zier- oder sortenreich als Fruchtbaum gepflanzt. Heute auch in den USA (vor allem Kalifornien) in Plantagen kultiviert.

Wie verwenden: Der verholzende Steinkern, den man als Walnuss erntet oder kauft, ist der innere Teil einer Steinfrucht. Der essbare, hirnartig gewundene Kern ist der einzelne ölreiche, 2-hälftig angelegte Samen. Eine leicht hölzerne Scheidewand trennt die beiden Hälften und erschwert deren bruchfreies Auslösen. Den Samen (= Nusskern) verzehrt man entweder roh oder verwendet ihn halbiert bzw. fein gemahlen als Backzutat und als Kuchendekoration. Ganz

Achtung!

Empfindliche Personen reagieren (besonders) auf (frische) Walnüsse allergisch! Nach Erhitzen der Nüsse bestehen diese Probleme (meist) nicht mehr.

ab Oktober

frisch geerntete Nüsse schmecken meist noch stark bitter – diese Geschmacksstoffe sind in der weichen Samenhaut enthalten. Nach trocknender Lagerung verliert sich dieser Effekt. Sehr empfehlenswert sind (leicht geröstete) Nusshälften als Zutat in Sommersalaten.

Wissenswert: Die Gerbstoffe der grünen Fruchtschale verfärben die Hände sehr nachhaltig schwarzbraun. Mit wässrigen Extrakten aus den Blättern und grünen Schalen hat man früher in ländlichen Gegenden Haare und Wolle braun gefärbt. Verwenden Sie bei der Ernte daher unbedingt schützende Handschuhe! Erntefrische Walnüsse sind meist noch reichlich feucht und müssen luftig auf Papier getrocknet werden.

Rezept

Heißer Wintertraum

1–2 Äpfel, in dünne Schnitze geschnitten
1 gute Handvoll Walnusskerne
Butter
1 EL Ahornsirup oder Zucker
1 TL Calvados

Apfelstücke in der Pfanne mit Sirup oder Zucker und etwas Butter karamellisieren. Kurz vor Ende die Walnusskerne hinzugeben und auch diese kurz glasieren. Zum Schluss mit etwas Calvados abrunden und heiß servieren, zum Beispiel mit Vanilleeis oder frischer Schlagsahne. Auch als Waffelbelag sehr zu empfehlen.

Zirbel-Kiefer, Arve

Pinus cembra

Merkmale: Immergrüner Nadelbaum, bis 25 (selten 35) m hoch; Äste kurz und gedrungen, Zweige steigen an den Enden steil auf; Rinde anfangs glatt grüngrau, später bräunlich, längsrissig geschuppt; Nadeln dick, 5–8 cm lang, außen dunkel, innen graugrün, zu je 5 auf Kurztrieben; Blüten einhäusig; Zapfen unreif blaugrün, reif rötlich braun, aufrecht, bis 7 cm breit und 12 cm hoch, öffnen sich erst im 3. Jahr nach der Blüte; ✿ Mai–Juni.

Wo zu finden: Auf sauer-humosen Steinböden in kalt-kontinentalem Klima, kaum unter 1700 m. Lichtholz. In Europa nur in den Alpen und Karpaten sowie mit einer anderen Unterart vom Ural bis Sibirien. Außerhalb ihres Verbreitungsgebietes nur wenig als Ziergehölz verwendet.

Wie verwenden: Die kantigen, ungeflügelten, etwa 1 cm langen Samen werden als Zirbelnüsse bezeichnet und sind essbar. Sie enthalten bis etwa 40 % fettes Öl. Man erntet sie aus aufgelesenen Zapfen, die man im Backofen mäßig erhitzt und somit zum Klaffen bringt. Die schmackhaften Zirbelnüsse verwendet man wie Hasel- oder Walnüsse bzw. Pinienkerne als Backzutat, zu Salaten, verschiedenen Nudelgerichten oder in einem grünen Pesto.

Wissenswert: Die Arve ist die einzige heimische 5-nadelige Kiefer. Von allen heimischen Kiefern wird sie mit rund 1000 Jahren am ältesten. In den Zentralalpen bildet sie bei etwa 3000 m die Waldgrenze.

Das vor allem im Alpenraum gerne im Innenausbau verwendete Holz gibt viele Jahre lang wohldosiert ätherische Öle ab, die auf den Menschen beruhigend wirken. Dieses traditionelle Volkswissen ist mittlerweile auch wissenschaftlich belegt.

ab August

Pinie

Pinus pinea

Merkmale: Stattlicher, immergrüner Nadelbaum, bis 30 m hoch, mit schirmförmiger Krone auf langem Stamm; Äste steil aufgerichtet; Rinde bei alten Exemplaren graubraun, längsrissig; Nadeln in etwa 1 cm langen, braungrauen Nadelscheiden, bis 20 cm lang, stechend spitz, graugrün bis dunkelgrün, zu je 2 (selten 3) büschelig im Kurztrieb; Blüten einhäusig; Zapfen geöffnet bis 10 cm breit und 15 cm lang, ziemlich schwer, reifen erst im 3. oder 4. Jahr; Samen bis 2 cm lang, dunkelbraun bis schwarz; ✿ Juni–Juli.

Wo zu finden: Im Mittelmeergebiet von Südostspanien bis zum mittleren Italien sowie von Albanien bis zur Türkei und zum Libanon, meist in Küstennähe, fehlt an der nördlichen Adria, auf Korsika und auf vielen griechischen Inseln.

Wie verwenden: Die länglichen, ölhaltigen und nussähnlich schmeckenden Pinienkerne (französisch „pignons“, italienisch „pinioli“) sind ähnlich wie die Arvensamen essbar. Sie werden als Pinienkerne gehandelt und geben eine sehr nahr- und schmackhafte Zutat zu verschiedenen Gerichten der mediterranen Küche, vor allem leicht geröstet zu Pasta, auf Pizza oder in Salaten. Sie sind klassischer Bestandteil von Pesto, das aus Pinienkernen, Olivenöl, geriebenem Pecorino oder Parmesan, Basilikum, etwas Majoran und wenig Knoblauch püriert oder gemörsert wird.

Wissenswert: Die Pinienkerne liegen auf den massiven Samenschuppen in grubigen Vertiefungen und tragen bei der Reife noch einen schmalen, aber untauglichen Flügelsaum, der bei anderen Arten als wirksame Segeleinrichtung dient.

ab August

Wildkräuter

Blütenfarbe

Bär-Lauch

Allium ursinum

Merkmale: Mehrjährig, krautig, 20–40 cm hoch; Blätter länglich-elliptisch, grundständig, flach, niemals röhrig, meist nur 2, lang gestielt mit deutlicher Mittelrippe, duften beim Zerreiben intensiv nach Knoblauch, beidseits frisch grün, aber matt; Blüten zahlreich (6–20) in lockerer, flacher Scheindolde endständig auf 3-eckigem, unverzweigtem, kompaktem Schaft (Stängel), Einzelblüten mit 6 reinweißen, 6–10 mm langen, schmal-lanzettlichen Blütenhüllblättern, Staubblätter 6, kürzer als Blütenhülle, Blütenstand vor dem Aufblühen von 1–3 durchscheinenden, weißlichen Hochblättern eingehüllt; Kapselfrucht; Samen glänzend schwarz; ✿ April–Juni.
Wo zu finden: Verstreut, aber meist stellenweise häufig bis massenhaft auf sickerfeuchtem, nährstoffreichem, humosem Boden in krautreichen Laubwäldern, Bergmisch- und Auenwäldern, an Hängen und in Talmulden. Fast im gesamten Europa, im Mittelmeergebiet selten. Auch in Gärten angepflanzt und für die Gartenkultur unter Sträuchern sehr zu empfehlen.
Wie verwenden: Die vor oder mit der beginnenden Blüte gesammelten, vitaminreichen Blätter sind eine wertvolle Rohkost und werden gehackt in Salaten, Saucen, Suppen, Kräuteromelettes oder als Gemüse verwendet. Um die Bestände zu schonen, entnimmt man jeder Pflanze jeweils nur ein Blatt. Beim Erhitzen mildert sich der sehr intensive Knoblauchgeruch etwas ab. Er ist auch nicht so penetrant „knopflochdurchdringend" wie der von echtem Knoblauch.
Verwechslung: Die Blätter ähneln denen des giftigen **Maiglöckchens** (Seite 66), die jedoch unterseits leicht glänzen, keinen Stiel haben und nicht den typischen Lauchgeruch aufweisen. Denkbar wäre auch die Verwechslung mit den beidseits glänzenden Blättern der **Herbst-Zeitlosen** (*Colchicum autumnale*), die jedoch kaum in Wäldern auftritt. Ihre Blätter besitzen ebenfalls

ab April

keinen deutlichen Stiel wie die des Bär-Lauchs. **Wissenswert:** Bär-Lauch ist sicher eines der beliebtesten und meistgeernteten Wildkräuter. Hauptkomponenten, die das charakteristische Laucharoma hervorrufen, sind Diallyldisulfid sowie Divinyldisulfid. Beide Stoffe sind in der unverletzten Pflanze in einer geruchlosen Vorstufe enthalten und entstehen erst durch eine spezifische Enzymaktivität (Alliinase) nach Gewebeverletzung. Mancherorts wird die Pflanze auch Bären-Lauch oder Rams genannt.

Tipp

Bär-Lauch können Sie gut im eigenen Garten anpflanzen. Er eignet sich hervorragend für die eher schattigen Stellen, die nur im Frühjahr voll besonnt werden, z. B. unter Laubbäumen. Die Art breitet sich nach und nach von selbst aus.

Maiglöckchen

Herbst-Zeitlose

Gewöhnliche Lichtnelke

Silene vulgaris

Merkmale: Mehrjährige, bis 50 cm hohe Pflanze, Stängel kahl oder nur im unteren Teil behaart; Blätter bläulich grün, länglich-eiförmig bis lanzettlich, am Rand bewimpert, bis 12 cm lang; Blüten weiß, mitunter leicht rosa mit tief gespaltenen Blütenblättern, zwittrig oder eingeschlechtig, mit stark aufgeblasenem, auffällig netzadrigem, oft rötlich überlaufenem Kelch mit dunkleren Längsstrichen; Kapselfrucht oval; ✿ Juni–August.

Wo zu finden: Trockenrasen, Trockenwiesen, Säume, Gebüsche, Wegränder, ferner Rohbodenpionier. Überall in Europa verbreitet und häufig.

Wie verwenden: Die jungen Blätter und Sprossachsen (möglichst vor der Blütezeit gesammelt) lassen sich für Suppen, Salate sowie spinat- oder kohlähnlich zubereitete Gemüsegerichte verwenden. Empfehlenswert ist auch die abwechslungsreichere Mischung mit anderen Wildkrautarten.

Verwechslung: Keine giftige Verwechslungsart in der heimischen Flora.

Wissenswert: Wegen der stark aufgeblasenen und netzig gemusterten Kelche wird die Art gelegentlich auch Taubenkropf-Leimkraut genannt. Der Name Leimkraut bezieht sich auf die klebrige Behaarung der oberen Stängelpartien mancher verwandter Arten, die beim Taubenkropf-Leimkraut fehlt. Die hier vorgestellte Art wird überwiegend von Bienen, aber auch von Nachtfaltern besucht und bestäubt. Wegen ihres dekorativen Wertes ist sie für Wildpflanzengärten sehr zu empfehlen.

Ihre kahlen, etwas blaugrünen Blätter sind gute Beispiele für den bekannten „Lotos-Effekt“ – Regenwasser perlt komplett ab.

ab April

Vogel-Sternmiere

Stellaria media

Merkmale: Einjährige Pflanze mit 10–30 cm langen, liegenden, verzweigten 4-kantigen Stängeln, diese mit einzelner, deutlicher Haarleiste; Blätter eiförmig, spitz, kurz gestielt bis sitzend; Blüten weiß mit tief 2-spaltigen Blütenblättern, 4–7 mm breit, sternförmig, Blütenblätter so lang wie die Kelchblätter; ✿ Januar–Dezember.

Wo zu finden: Nährstoffreiche Böden von Hackfruchtäckern, Gärten, Parkrasen und Rebfluren, Schuttstellen und Wegränder. Im Gebirge bis 1800 m. Fast überall in Europa sehr häufig. Ursprünglich nur in Eurasien, heute weltweit verbreitet. Stickstoffzeiger.

Wie verwenden: Alle Teile der Pflanze schmecken sehr mild bis etwas nussig und können gleichermaßen zusammen verwendet werden. Sie sind während des ganzen Jahres zu ernten, schmecken aber im Frühjahr am besten. Bei Zubereitung wie Spinat ergeben sie ein recht delikates Wildgemüse. Die zarten Sprosse eignen sich aber auch für Kräutersuppen und Wildkrautsalate. Wegen des milden Geschmacks nimmt man sie gerne zum Ausgleichen deutlich kräftiger schmeckender Wildkräuter.

Verwechslung: Ähnlich sind die rundum behaarten **Hornkraut**arten (*Cerastium* spp.), die zwar nicht giftig, aber auch nicht schmackhaft und recht hart sind.

Wissenswert: Die arttypische Haarleiste auf den Stängeln ist am besten bei Betrachtung im Gegenlicht zu erkennen. Da in der Pflanze Saponine vorkommen, sollte man sie nicht in zu großen Mengen verzehren.

ganzjährig

Bitteres Schaumkraut

Cardamine amara (Foto links)

Merkmale: Mehrjährige, bis 40 cm hohe Pflanze mit markigem und beblättertem Stängel; Grundblätter nicht als Rosette angeordnet; alle Blätter saftig grün, etwas fleischig, mit 3–5 buchtig gelappten Fiederpaaren, Endfiedern besonders groß, schmecken betont bitter; Blüten bis 1,2 cm breit, Krone weiß, Staubbeutel rotviolett (Unterschied zur ähnlichen Brunnenkresse!), zu mehreren in endständigen Trauben. Schote linealisch; ✿ April–Juni.

Wo zu finden: Zerstreut in Quellfluren, Gräben, Nasswiesen, Feuchtwäldern, Erlenbrüchen und an Bachufern, verträgt Schatten und Staunässe. Von der Ebene bis ins Gebirge. In Mitteleuropa weit verbreitet.

Wie verwenden: Die pikant, aber nicht betont scharf schmeckenden Blätter und Stängel verwendet man genauso wie die Brunnenkresse (Seite 138). Ähnlich geeignet ist auch das weitaus häufigere und bekanntere **Wiesen-Schaumkraut** (*Cardamine pratensis*, Foto rechts) oder das in besonders in Weinbergen vorkommende **Viermännige Schaumkraut** (*Cardamine hirsuta*). Alle Schaumkrautarten nur frisch verwenden!

Verwechslung: An den benannten Standorten sind keine ausgesprochenen Problemarten von ähnlichem Aussehen zu erwarten.

Wissenswert: Geschmacksbestimmend sind wie bei allen anderen Vertretern der Pflanzenfamilie besondere Senfölglykoside. Die frühen Kräuterbücher der Renaissance rühmen übereinstimmend die magenstärkende Wirkung der Schaumkrautarten.

ab April

Acker-Hederich

Raphanus raphanistrum

Merkmale: Einjährige, bis 60 cm hohe Pflanze mit aufrechtem, meist rau behaartem und beblättertem Stängel, an der Basis meist bläulich bereift; Grundblätter und untere Stängelblätter gestielt und gefiedert, Seitenlappen nach vorne größer, obere Stängelblätter ungeteilt und wechselständig; Blüten weiß oder hell- bis schwefelgelb, immer dunkler geadert, Kelchblätter liegen aufrecht an, ohne Tragblatt, in lockeren endständigen Trauben, oft hängend, bis 2 cm breit; Gliederschote aufrecht, mit 2–10 Samen; ✿ April–September.

Wo zu finden: Äcker, Gärten, Wegränder, Schuttstellen, gerne auf trockenen Sand- und Lehmböden. Ursprünglich wohl nur im Mittelmeergebiet, heute fast überall in Europa weit verbreitet, fehlt nur im hohen Norden.

Wie verwenden: Die vor der Blütezeit gesammelten Blätter und Sprosse werden in Salzwasser gekocht und als Gemüse verwendet. Sie eignen sich aber auch als würzende Beigabe zu Nudelgerichten oder in Wildkrautsalaten zusammen mit Brunnenkresse, Löwenzahn, Giersch und Gänseblümchen. Die Samen kann man zu Senf verarbeiten.

Verwechslung: An den benannten Standorten kommen keine leicht verwechselbaren Problemarten vor.

Wissenswert: Hederich, auch Acker-Rettich genannt, ist die Wildform der kultivierten Rettiche und des Radieschens. Beim Rettich sind die Wurzeln verdickt, beim Radieschen dagegen die Sprossachsen zwischen Wurzel und erstem Blattpaar.

ab Juni

Echte Brunnenkresse

Nasturtium officinale

Merkmale: Ausdauernde, wintergrüne, krautige Wasserpflanze, 5–100 cm lang, mit teils untergetauchtem Stängel, dieser hohl und kahl, im kriechenden Teil auch mehrfach bewurzelt; Blätter dunkelgrün und gefiedert, Fiedern breit oval, an den unteren Blättern 1–3, an den oberen 5–9; Blüten weiß, zuweilen leicht lila, Staubbeutel gelb; ✿ Mai–September.

Wo zu finden: Quellen, Röhrichte oder Flutsäume von Gräben und Bächen, gerne in rasch fließenden, kühlen und sauberen Gewässern, ferner in Kulturen. Heute weltweit verbreitet.

Wie verwenden: Schon das junge Kraut schmeckt recht pikant bitter und scharf. Es eignet sich als Salatzusatz, für Kräuterquark oder fein gehackt in Soufflés oder als Brotbelag. Die Samen werden wie Schwarzer Pfeffer verarbeitet.

Verwechslung: In Quellfluren kommt das ähnlich aussehende und ebenfalls bitter schmeckende Bittere Schaumkraut (Seite 136) mit violetten Staubbeuteln und kompaktem Stängel vor. Diese Art ist ebenfalls essbar. Verwechslungsgefahren mit giftigen heimischen Arten bestehen nicht.

Wissenswert: Brunnenkresse lässt sich sehr einfach in wasserdichten Blumenkästen kultivieren.

Achtung!

An Wasserkresse aus dem Freiland sitzen oft Insektenlarven oder kleine Wasserschnecken. Außerdem könnten sich daran auch Fortpflanzungsstadien des Leberegels aufhalten. Sammelgut daher immer besonders gründlich waschen.

ganzjährig, v. a. Oktober–Mai

Hirtentäschelkraut

Capsella bursa-pastoris

Merkmale: Formenreiche, ein- oder zweijährige Pflanze mit dünnem, aber festem Stängel, 10–40 cm hoch; grundständige Rosettenblätter buchtig gelappt bis fiederteilig, fallweise auch ungeteilt, Stängelblätter ungeteilt, lanzettlich mit pfeilförmigem Grund, der den Stängel umfasst; Blüten weiß, gestielt, bis 5 mm breit, in lockerer, endständiger Traube; Schötchen herzförmig 3-eckig, sitzen mit der unteren Spitze dem Stiel an; ✿ Februar–November oder ganzjährig.

Wo zu finden: Das Hirtentäschelkraut ist eine Lichtpflanze auf stickstoffreichen Lehmböden; Gärten, Äcker, Brachen, Schuttstellen, Wegränder werden besiedelt. Überall in Europa verbreitet und selbst an Großstadtstandorten häufig. Im Gebirge bis 2000 m.

Wie verwenden: Besonders die jungen Rosettenblätter sind für Salate, Kräuterquark, Saucen und Wildgemüsezubereitungen aller Art geeignet. Sie schmecken je nach Alter scharf nach Rettich oder auch ein wenig bitter. Den Geschmack kann man mit anderen Wildkräutern abmildern, beispielsweise mit Vogel-Sternmiere (Seite 135).

Verwechslung: Keine giftige Verwechslungsart; ähnlich sind das wesentlich kräftigere **Acker-Hellerkraut** (*Thlaspi arvense*) mit kreisrunden, münzartigen Schötchen oder der gebietsweise nicht allzu häufige (und geschützte) **Bauernsenf** (*Teesdalia nudicaulis*) mit unbeblättertem Stängel.

Wissenswert: Obwohl die charakteristisch herzförmigen Schötchen an der Pflanze nur recht klein sind, zeigt die Art bemerkenswerte Reproduktionserfolge: Pro Pflanze entstehen im günstigsten Fall bis zu 40 000 Samen. Kulturbegleiter seit der Jungsteinzeit. Alte Heilpflanze, heute vor allem in der Homöopathie verwendet.

April–Mai

Gewöhnliche Pfeilkresse

Cardaria draba

Merkmale: Mehrjährige, bis 50 cm hohe Pflanze; Blätter länglich-eiförmig, buchtig gezähnt, an der Basis herzförmig und den Stängel umfassend, hellgrün; Blüten weiß, nur bis 6 mm breit, in abgeflachten Trauben, von angenehmem Duft; Schötchen herzförmig, aufgeblasen, 1-samig, Samen braun; ✿ Juni–Juli.

Wo zu finden: Stein- und Geröllfluren, Schotter, Wegränder, Dämme, Böschungen, Brachen, fast immer auf trockenen Böden, Rohbodensiedler. Stammt aus Vorderasien und Südosteuropa, in Deutschland vor allem in den Kalkgebieten weit verbreitet und fest eingebürgert. Im Hochgebirge bis 2000 m.

Wie verwenden: Das recht scharf schmeckende Kraut ist eine kräftig würzende Zugabe zu verschiedenen Wildkrautsalaten und für Kräuterquark. Die übrigen Verwendungsmöglichkeiten sind identisch mit denen des Hirtentäschelkrautes (Seite 139). Die Samenkörner schmecken ziemlich scharf und wurden im Heimatgebiet der Pfeilkresse gelegentlich als Ersatz für Pfeffer verwendet.

Verwechslung: An den benannten Standorten und unter Berücksichtigung der beschriebenen Merkmale bestehen keine Verwechslungsmöglichkeiten mit ähnlich aussehenden Problemarten.

Wissenswertes: Die schmucke Art ist ein typischer Neophyt – sie wanderte nämlich erst im 18. Jahrhundert aus Südosteuropa nach Mitteleuropa, vor allem entlang der großen Verkehrswege (Schienenstränge) ein. Stellenweise wird sie als Einsaat zur Befestigung von Straßenbanketten verwendet.

Mai–Juni

Echtes Löffelkraut

Cochlearia officinalis

Merkmale: Bis 50 cm hohe Pflanze mit verzweigtem, liegendem oder aufrechtem, kantigem Stängel; Grundblätter als Rosette, lang gestielt, nierenförmig bis rundlich-herzförmig, Stängelblätter sitzend und ansatzweise den Stängel umfassend oder geöhrt, glänzend dunkelgrün, glatt, etwas fleischig, glattrandig oder gebuchtet; Blüten weiß (selten rosa), bis 9 mm breit, zahlreich in gedrängten Trauben, duften angenehm; Schötchen rundlich-löffelförmig, mit bleibender gewölbter Scheidewand; ✿ Mai–Juli.

Wo zu finden: Salzbeeinflusste Böden im Außendeichbereich, Salzröhrichte, Wattwiesen, Prielränder an den Küsten, selten auch an Salzstellen im Binnenland. An Atlantik, Nord- und Ostsee weit verbreitet.

Wie verwenden: Als Zugabe zu diversen Salaten. Besonders empfehlenswert und schmackhaft ist ein Löffelkraut-Tomatensalat, dem man einen säuerlichen Apfel und etwas Schnittlauch zugibt.

Die Löffelkraut-Arten sind geschützt. Daher unbedingt nur in kleinen Mengen und an Stellen mit sehr reichen Vorkommen ernten.

Wissenswert: Bereits 1557 entdeckte der deutsche Arzt J. Wier die Wirkung dieser Pflanze gegen die bei Seefahrern gefürchtete Vitaminmangelkrankheit Skorbut und verhalf ihr damit zu früher Popularität. Noch im 19. Jahrhundert hatten die Apotheken Löffelkrauttinkturen vorrätig, bevor die regelmäßige Versorgung mit Citrusfrüchten oder anderem Frischobst möglich war. Ähnlich zu bewerten ist das **Dänische Löffelkraut** (*Cochlearia danica*), bis 25 cm hoch, auch Stängelblätter gestielt.

April–Juni

Duftende Süßdolde

Myrrhis odorata

Merkmale: Mehrjährige, in allen Teilen stark aromatisch duftende Pflanze, Stängel gefurcht und hohl, 50–120 cm hoch; Blätter 2- bis 3-fach gefiedert, 10–30 cm lang, oberseits dunkel-, unterseits blassgrün und zottig-borstig behaart, Fiedern fiederschnittig gelappt; Blüten weiß, nur bis 4 mm breit, Blütenblätter ungleich groß, in Dolden mit 4–20 weich behaarten Doldenstrahlen; ✿ Mai–Juli.

Wo zu finden: Bergwiesen und Hochstaudenfluren, vor allem in den Westalpen, ferner Apennin und Pyrenäen. Sonst überwiegend in Gartenkultur und dafür nachdrücklich zu empfehlen. Selten verwildert.

Wie verwenden: Die Süßdolde duftet stark nach Anis und wird daher auch Aniskerbel genannt. Ihre Wurzeln kann man nach gründlicher Reinigung zu Salaten und Wurzelgemüse verwenden oder für Kräuterschnäpse oder -liköre nehmen. Die frischen Blätter dienen zum Aromatisieren von Wildfruchtzubereitungen, die vielleicht ein wenig zu sauer sind (Äpfel, Stachelbeeren, Berberitze u. a.). Wegen des recht starken Aromas empfiehlt es sich, die ausgewählten Pflanzenteile nur sehr sparsam zu verwenden.

Verwechslung: Ähnlich aussehende giftige Vertreter der Familie sind **Hundspetersilie** *Aethusa cynapium*) und die **Kälberkropf**arten (*Chaerophyllum* spp.). Bei Verwendung von Exemplaren aus Gartenkultur besteht keine Gefahr.

Wissenswert: Alte Heilpflanze mit schleimlösender und verdauungsfördernder Wirkung. Heute meist nur noch in der Homöopathie eingesetzt.

Rezept

Der eigene Ouzo

15 g frische Wurzeln in 1 l Branntwein eine Woche lang einlegen. Verwendbar sind auch die reifen Früchte.

Juni–Juli, ab September (Wurzel)

Giersch, Geißfuß

Aegopodium podagraria

Merkmale: Mehrjährige, bis 1 m hohe Pflanze mit kantigem, verzweigtem, hohlem und rein grünem Stängel ohne rötliche Flecken; Blätter doppelt 3-zählig gefiedert, Fiedern oval, gezähnt, bis 10 cm lang, jung glänzend, später matt grün, Grundblätter lang, Stängelblätter kurz gestielt, obere fast sitzend, Blattstiele im Querschnitt 3-eckig; Blüten weiß in großen, zusammengesetzten, bis 8 cm breiten Dolden, ohne Hülle und Hüllchen; ✿ Mai–Juli.

Wo zu finden: Waldränder, Gebüsche, Zäune, Wegränder, Gärten, gerne auf nährstoffreichen Böden. Überall in Europa zu finden, in Deutschland häufig.

Wie verwenden: Einer der Klassiker des heimischen Wildgemüses. Frisch zerrieben erinnern alle Teile geruchlich ein wenig an Mohrrübe, im Geschmack eher an Petersilie. Vor allem aus den jungen, noch vor der Blüte geernteten Blättern, Blattstielen und Stängeln lässt sich ein schmackhaftes Wildkrautgemüse zubereiten. Sie eignen sich auch ebenso für einen Wildkrautsalat.

Verwechslung: Verwechslungsmöglichkeiten mit anderen, zum Teil giftigen Doldenblütlern beachten, darunter vor allem **Hecken-Kälberkropf** (*Chaerophyllum temulum*) mit mattgrünen, behaarten Blättern und rötlichem Stängel oder anderen Vertretern der Doldenblütengewächse mit abweichendem Blattschnitt, deutlicher Behaarung oder andersartigem Aroma.

Wissenswert: Einmal angesiedelt, ist er in den Gartenbeeten nur schwer zu bekämpfen. Die Art ist ein typisches Wurzelunkraut und vermehrt sich durch zahlreiche unterirdische Ausläufer. Die vegetative Vermehrung führt daher rasch zu unerwünschten Massenbeständen. Die Bekämpfung ist nur durch mehrjähriges Abdecken mit dicken Mulchschichten aussichtsreich.

April–Juni

Wiesen-Bärenklau

Heracleum sphondylium

Merkmale: Mehrjährige, kräftige Pflanze, 80–160 cm hoch, mit borstig behaartem, kantig gefurchtem und hohlem Stängel; Blätter sehr groß, bis 50 cm lang, grobschnittig gefiedert oder stark gelappt, grob gezähnt, oberseits dicht steifhaarig, mit auffälliger, gestreifter, hellgrüner Blattscheide; Blüten weiß, seltener grünlich oder leicht rötlich, in 5–15 cm breiten zusammengesetzten, 15- bis 20-strahligen Dolden mit fehlender bzw. höchstens 6-teiliger Hülle und zahlreichen Hüllchenblättern; ✿ Juni–September.

Wo zu finden: Fettwiesen, Wegränder, Gebüsche, Waldsäume, Schuttstellen, Brachen, Gärten. Überall in Europa verbreitet und häufig.

Wie verwenden: Bärenklau ist eine alte Heilpflanze, der man blutdrucksenkende und verdauungsfördernde Wirkungen zuschreibt. Junge und noch zarte Bärenklau-Blätter lassen sich wie Spinat als Gemüse zubereiten. Beim Kochen in Salzwasser verliert sich der etwas unangenehme Nebengeschmack. Junge Stängelstücke kann man als Stängelgemüse verwenden, die ungeöffneten Dolden wie Brokkoli.

Verwechslung: Giftiger und entfernt ähnlich aussehender Verwandter am gleichen Standort ist u. a. die **Hundspetersilie** (*Aethusa cynapium*) mit andersartigem Blattschnitt. Der verwandte **Riesen-Bärenklau** (*Heracleum mantegazzianum*) ist rotfleckig und sehr giftig.

Wissenswertes: Die Randblüten der Dolde sind nach außen stark vergrößert und lassen den Blütenstand als „Superblüte“ erscheinen.

Achtung!

Die Pflanze enthält Furanocumarine (Psoralene), die bei empfindlichen Personen Hautprobleme („Wiesendermatitis“) auslösen können.

ab April

Wiesen-Kerbel

Anthriscus sylvestris

Merkmale: Formenreiche, zwei- oder mehrjährige Pflanze, 50–150 cm hoch, mit kantig gerilltem, hohlem Stängel, nur an der Basis wenig borstig-rau behaart, nie rötlich gefleckt; Blätter 2- bis 3-fach gefiedert, Fiedern lanzettlich, oberseits dunkelgrün, unterseits hellgrün, letzte Fiederabschnitte mit feinem Stachel; Blüten weiß, in zusammengesetzter, bis 15-strahliger Dolde (meist) ohne Hülle, Döldchen mit 4–8 schmalen Hüllchenblättern; ✿ April–Juli.

Wo zu finden: Waldränder, Gebüsche, Brachen, auf nährstoffreichen Böden, auf überdüngten Wiesen meist massenhaft. In Mittel- und Nordeuropa weit verbreitet, in Südeuropa selten, in Deutschland überall sehr häufig.

Wie verwenden: Kerbelkraut ist eine bedenkenswert bereichernde Zutat zu vielen Gerichten, in denen würzende Kräuter erst den Geschmack abrunden. Dazu gehören Cassoulet (Eintopf mit weißen Bohnen, Geflügel und Fleisch), das als Spezialität der Gascogne berühmt wurde, ferner grüne Kräutersaucen, Suppen, Kräuterbutter, Salate (vor allem Tomatensalat) und Fischgerichte.

Verwechslung: Außer mit dem giftigen mattgrünen und rotfleckigen **Hecken-Kälberkropf** (*Chaerophyllum temulum*) besteht an den Wiesenstandorten der Art kaum Verwechslungsgefahr mit giftigen Arten. Eine minimale Ähnlichkeit weist der im unteren Stängelbereich rotfleckige und sehr stark giftige Gefleckte Schierling (*Conium maculatum*) auf, der aber eher an Flussufern vorkommt.

Wissenswert: Der Hautkontakt mit frisch geschnittenen Pflanzenteilen kann bei empfindlichen Personen die als Wiesendermatitis bezeichnete Hautreaktion auslösen.

April–Juni vor Blühbeginn

Bärwurz

Meum athamanticum

Merkmale: Mehrjährige, stark aromatische Pflanze, 15–60 cm hoch; Stängel fein gerillt, wenig verzweigt und mit 1–2 Stängelblättern, an der Basis mit dichtem Faserschopf abgestorbener Blattreste; Blätter 3-fach gefiedert mit 2–7 mm langen, haarfeinen Zipfeln, dunkelgrün, überwiegend grundständig; Blüten weiß bis gelblich, die äußeren in der dichten, zusammengesetzten Dolde oft auch kräftig weinrot überlaufen; ohne Hülle oder mit 1–5 Hüllblättern, Hüllchen bis 8-teilig; ✿ Mai–August.
Wo zu finden: Auf steinig-lehmigen Lehmböden in niederschlagsreichen Lagen, fast nur auf Bergwiesen in den höheren Mittelgebirgen und in den randlichen Alpen.
Wie verwenden: Das entfernt lakritzähnliche bzw. an Anis erinnernde und sehr starke Aroma lässt sich zum Würzen vor allem von Desserts verwenden. Außerdem verwendet man das getrocknete Kraut für Kräuterliköre.

Verwechslung: Angesichts der eindeutigen geruchlichen Eigenschaften keine Verwechslungsgefahr mit heimischen Problemarten.
Wissenswert: Alte Heilpflanze, vor allem volksheilkundlich als Appetitanreger und zur Verdauungsförderung verwendet. Als Arzneidroge wird vor allem die Wurzel empfohlen. Arzneilich schreibt man der ebenfalls im Bergland vorkommenden verwandten **Mutterwurz** (*Ligusticum mutellina*) ähnliche Wirkungen zu. Das frische Kraut wird von Weide- und Wildtieren erfahrungsgemäß nicht gefressen.

Juni–Juli

Weiße Taubnessel

Lamium album

Merkmale: Mehrjährige, bis 50 cm hohe Pflanze mit aufrechtem, 4-kantigem Stängel; Blätter gegenständig, im Umriss oval, grob gezähnt wie bei der Brennnessel, kurz behaart, erscheinen daher leicht graugrün, riechen beim Abstreifen etwas unangenehm; Blüten cremeweiß bis reinweiß, 2–2,5 cm lang, Oberlippe stark gewölbt, zu mehreren in Scheinquirlen in den oberen Blattachseln; ✿ April–Juli.

Wo zu finden: Gebüsche, Hecken, Wegränder, Wiesen, Staudenfluren, Abfallstellen, Brachen, bevorzugt nährstoffreiche Lehmböden. In Europa überall verbreitet und fast überall häufig.

Wie verwenden: Die vor oder während der Blüte gesammelten jungen Blätter und Triebe sind eine Bereicherung für jeden Wildkrautsalat, lassen sich aber wie Spinat auch als Wildgemüse oder als Wildkräutersuppe zubereiten. Obwohl die frischen Blätter beim Abstreifen etwas muffig und nicht sehr appetitlich riechen, schmecken sie nach Zubereitung sehr mild. Die süß schmeckenden, weil (morgens!) sehr nektarreichen Blüten sind eine hübsche Dekoration für Suppen oder Desserts. Eine Empfehlung für ein deftiges Gericht ist ein Taubnessel-Brennnessel-Auflauf mit Kartoffeln, Fleischtomaten, Steinpilzen oder Champignons sowie Schafskäse. Nach dem Backen gehackte glatte Petersilie und Basilikum darüberstreuen.

Verwechslung: Keine Verwechslungsgefahr mit heimischen Problemarten.

Wissenswert: Die Nektarvorräte in der Blütenbasis können nur von Hummeln mit langem Rüssel genutzt werden. Manche Arten mit kurzem Rüssel beißen dagegen die Kronröhre kurz über dem Kelch an und umgehen mit diesem Einbruch die eigentlich vorgesehene Bestäubungsroute.

ab März

Wald-Sauerklee

Oxalis acetosella

Merkmale: Mehrjährige, zarte Pflanze, 5–15 cm hoch; Blätter allesamt grundständig, bis 15 cm, lang gestielt, 3-zählig gefiedert ähnlich wie bei echten Kleearten (*Trifolium* spp.), Fiedern 1–2 cm lang, herzförmig, einheitlich hell- bis blassgrün; Blüten weiß mit dunkleren Streifen, lang gestielt; Kapselfrucht; ✿ April–Mai.

Wo zu finden: Feuchte, schattige Laub- und Mischwälder, Gebüsche. Ausgeprägte Schattenpflanze. In Europa fast überall verbreitet.

Wie verwenden: Die Blätter schmecken angenehm säuerlich (Name!) – man verwendet sie in Suppen, Saucen oder Salaten. Der säuerliche Geschmack geht auf den Gehalt an Oxalsäure zurück, die ihre Bezeichnung nach dem wissenschaftlichen Gattungsnamen dieser Pflanze erhielt. Höhere und häufige Oxalsäuregaben sind gesundheitsschädlich, weil sie die Steinbildung in Gallengang und Nieren begünstigen. Der Sauerklee gehört damit definitiv zu den Pflanzenarten, die man nicht jeden Tag in Mengen konsumiert. Gelegentlich einige wenige Blätter zum aromatisierenden Abrunden bestimmter Gerichte sind unbedenklich. Ähnlich zu bewerten sind die beiden relativ häufigen Neophyten Aufrechter Sauerklee (*O. stricta*) und Gehörnter Sauerklee (*O. cornuta*).

Verwechslung: Am benannten Standort keine problematischen Verwechslungsarten.

Wissenswert: Die Blätter zeigen eine auffällige Schlafstellung: Die Blattfiedern falten sich bei Dunkelheit entlang der Mittelrippe zusammen und senken sich ab. Auch bei zu starker Besonnung im Mittagslicht bewegen sich die Blattfiedern nach unten. Bei warmem Wetter reagieren sie ähnlich wie eine Mimose auch auf unsanfte Berührung und klappen innerhalb weniger Minuten zusammen.

ab April

Gewöhnlicher Feldsalat, Rapunzel

Valerianella locusta

Merkmale: Formenreiche, unauffällige Pflanze mit bodenanliegender Blattrosette und aufrechtem, meist gabelig verzweigtem, 5–20 cm hohem Stängel; Stängelblätter gegenständig, paddel- bzw. spatelförmig bis verkehrt-eiförmig, hell- oder dunkelgrün, überwiegend glattrandig oder unregelmäßig gekerbt, kahl; Blüten nur um 2 mm breit, bläulich weiß bis blasslila, zahlreich in endständigen Scheindolden mit kurzen Tragblättern; ✿ April–Mai.

Wo zu finden: Äcker, Wegränder, Weinberge, Hecken, Mauern, Gärten, Halbtrockenrasen. In Europa weit verbreitet, in Deutschland häufig, oft verwildert und an Schuttstellen eingebürgert.

Wie verwenden: Ackersalat oder Rapünzchen, wie man die Pflanze gebietsweise auch nennt, eignet sich mit ihrem angenehm nussigen Geschmack hervorragend als Blattsalat oder als Zutat zu anderen Salaten (beispielsweise Kartoffel- und Tomatensalat, ergänzt mit Pinienkernen oder Zirbelnüssen). Sie lässt sich zudem problemlos im Garten kultivieren. Dazu sät man sie im August aus. Bis zum Spätherbst entwickelt sich dann eine Blattrosette, die man bei fehlender Schneedecke während des gesamten Winters erntet.

Verwechslung: Unter Berücksichtigung der angegebenen Merkmale keine Verwechslungsgefahr mit heimischen Giftpflanzen.

Wissenswertes: Die Pflanze wurde vermutlich schon in der Jungsteinzeit mit anderen Saaten aus dem Mittelmeergebiet eingeschleppt.

November–April

Kleinblütiges Knopfkraut, Franzosenkraut

Galinsoga parviflora

Merkmale: Einjähriges Kraut; Stängel bis 60 cm hoch; Blätter gegenständig, 1–9 cm lang, kurz gestielt, spitz oval, gezähnt; Blütenkörbchen nur 3–5 mm breit, in lockeren Doldentrauben, nur 4–8 weiße Zungenblüten, wenige gelbe Röhrenblüten; ✿ Juni–Oktober.

Wo zu finden: Äcker, Gärten, Brachen, Wegränder, gerne auf sandig lehmigen und zeitweilig trockenen Böden. Die Art stammt aus Mittel- und Südamerika; sie ist in Europa überall als Neophyt eingebürgert und weit verbreitet.

Wie verwenden: Gesammelt werden die jungen Sprosse und Blätter möglichst vor der Blüte. Man nimmt sie zu Wildkrautsalaten, Kräutersuppen oder Wildgemüse in den Standardzubereitungsformen. Bei verfügbaren größeren Mengen kann man das Sammelgut auch auspressen und den Presssaft zusammen mit Tomatensaft trinken. Von blühenden bzw. älteren Pflanzen verwendet man nur die oberen Laubblätter.

Verwechslung: Sehr ähnlich ist das an den gleichen Standorten vorkommende und nahe verwandte, 10–70 cm hohe **Behaarte Knopfkraut** (*Galinsoga ciliata*), dessen Stängel zumindest im oberen Teil abstehend zottig behaart ist. Die Blütenkopfstiele sind mit roten Drüsen besetzt. Die Art stammt aus Mittel- und Südamerika und ist fast überall in Europa eingebürgert. Die Art ist ebenso zu verwenden wie das Kleinblütige Knopfkraut.

Wissenswert: Franzosenkraut heißt die Pflanze, weil sie im 19. Jahrhundert aus dem Botanischen Garten Paris entwich und sich über ganz Europa ausbreitete. Die jungen Pflanzenteile enthalten bis zu vier Mal so viel Vitamin C wie Zitrusfrüchte. Bei der Ernte reißt man die Pflanze nicht einfach aus, sondern schneidet sie ab – dann wächst sie noch einmal nach.

Mai–Juni

Gänseblümchen

Bellis perennis

Merkmale: Mehrjährige, kleine Pflanze; Blätter grundständig, kurz gestielt, spatelförmig bis verkehrt eiförmig, 2–9 cm lang, zerstreut behaart, gekerbt bis gesägt, vorne gerundet; der behaarte, 5–10 cm hohe Stängel (Schaft) trägt nur den einzelnen endständigen Blütenstand; Blütenköpfe bis 3 cm breit, Hüllblätter stumpf, meist 2-reihig, Strahlenblüten außen, weiß, an den Spitzen mitunter rötlich, innen mit gelben Röhrenblüten; ✿ Februar–Dezember, hauptsächlich März–Juni.

Wo zu finden: Fettwiesen, Weiden, Rasen. Überall in Europa sehr häufig. Im Gebirge bis 2000 m.

Wie verwenden: Küchentauglich sind Blätter, Blütenköpfe und Knospen der Blütenköpfe. Vor allem die Blätter schmecken betont nussig pikant und eignen sich hervorragend für Wildkrautsalate, eventuell auch zur Ergänzung von Rapunzel (Feldsalat). Grob gehackt nimmt man sie zusammen mit Quark oder Streichkäse als Brotbelag. Als schmackhaftes Wildgemüse empfiehlt sich eine Mischung zusammen mit Brennnessel, wenig Sauerampfer und Taubnessel. Mit den geöffneten Blütenköpfen kann man Salate und Desserts dekorieren.

Verwechslung: Keine Verwechslungsgefahr.

Wissenswert: Die Art ist auch eine seit alters her geschätzte Heilpflanze. In homöopathischen Zubereitungen setzt man sie vor allem gegen Hauterkrankungen und Katarrhe der Atemwege ein.

Rezept

Gänseblümchen-Kapern

Feste, junge Blütenköpfe, in Estragonessig eingelegt, sind ein schmackhafter Kapernersatz. Oder mit Weißwein und Weinessig 5 Min. lang aufkochen und abgekühlt darin aufbewahren.

März–Juni

Kohl-Kratzdistel, Kohldistel

Cirsium oleraceum

Merkmale: Mehrjährige Pflanze, alle Teile mit weißem Milchsaft, 30–150 cm hoch; Stängel gefurcht, hohl, kahl; Blätter relativ weich, kahl, untere fiederspaltig, obere einfach, stachelig umrandet, laufen nicht am Stängel herab, am Rande weichstachelig; Blütenkörbchen zu je 2–6 von bleichgrünen, großen, ovalen Hochblättern umgeben, je etwa 3–4 cm lang und breit, nur mit gelblichen bis kräftiger hellgelben Röhrenblüten; ✿ Juni–September.

Wo zu finden: Nass- und Feuchtwiesen, Uferstaudenfluren, Auengebüsche, Gräben. Vor allem in Mitteleuropa verbreitet, aber nur stellenweise (vor allem im Gebirge) häufig. In den Alpen bis 2000 m.

Wie verwenden: Trotz des zunächst sicherlich etwas abweisenden Namens Kratzdistel ist diese Pflanze eine ausgesprochen überraschende Empfehlung für die Wildkrautküche und ein kulinarisches Erlebnis. Die jungen Blätter schmecken ein wenig nach Kohl und werden roh in Salaten, gekocht als Gemüse verwendet, entweder allein oder in Kombination mit anderen Wildkräutern. Die Blütenkopfböden lassen sich ähnlich wie die zur gleichen Familie gehörenden Artischocken zubereiten.

Verwechslung: Diese Art ist eine der ganz wenigen heimischen Disteln und praktisch nicht mit Problemarten zu verwechseln.

Wissenswert: Zur Namenserklärung siehe folgende Art. Die sehr jungen Blätter auch der rötlich blühenden heimischen Arten dieser Gattung sind ähnlich als Wildgemüse verwendbar, darunter die weit verbreitete Acker-Kratzdistel (*Cirisium arvense*) oder Gewöhnliche Kratzdistel (*C. vulgare*). Die eventuell störenden dornigen Teile schneidet man vor der Zubereitung ab.

ab Mai

Kohl-Gänsedistel

Sonchus oleraceus

Merkmale: Ein- oder zweijährig, 30–100 cm hoch, in allen Teilen mit viel weißem Milchsaft; Stängel hohl und kahl; Blätter weich, matt, grob gesägt, stachelig gezähnt, bläulich grün, mit oft leicht rötlicher, kräftiger Mittelrippe, an der Basis geöhrt, sie umfassen den Stängel teilweise; Blütenköpfe 2–2,5 cm breit, mit ca. 200 hellgelben Zungenblüten; ✿ Juni–Oktober.

Wo zu finden: Äcker, Gärten, Brachen, Wegränder. Fast überall in Europa und auch in Deutschland ziemlich häufig. Im Gebirge seltener.

Wie verwenden: Obwohl die Pflanze bei Gärtnern und Landwirten ein nur wenig beliebtes Unkraut ist, schätzt man sie sehr als recht delikates Wildkraut. Vor allem die jung gesammelten Blätter schmecken sehr angenehm mit einer feinen, bitteren und ganz leicht süßlichen Note. Man verwendet sie daher in Wildkrautsalaten, in Suppen, fein gehackt in Eierspeisen oder Quark und natürlich auch als Gemüse.

Verwechslung: An ähnlichen Standorten kommen einige weitere *Sonchus*-Arten vor, die aber allesamt keine Gesundheitsgefährdung darstellen und sogar ähnlich verwendet werden können.

Wissenswert: Der Zusatz *oleraceus* im wissenschaftliche Artnamen leitet sich vom lateinischen Wort für Gemüse (olusculum) ab und verweist darauf, dass man diese Pflanze schon im Altertum kulinarisch genutzt hat. Recht begeistert schwärmen auch die berühmten Kräuterbücher der frühen Neuzeit von dieser Art. Die Art kam schon im Altertum aus dem mediterranen Süden nach Mitteleuropa und ist demnach ein Alteinwanderer (Archäophyt). Sie gedeiht nur in wintermilden Gebieten und kann sich hier zum lästigen Wildkraut entwickeln.

Juni–September

Echte Nelkenwurz

Geum urbanum

Merkmale: Mehrjährige, wintergrüne, 20–60 cm hohe Pflanze mit wenig verzweigtem, aufrechtem, behaartem Stängel; Grundblätter in Rosette, lang gestielt, gefiedert mit besonders großer, fiederteiliger Endfieder, Stängelblätter 3-zählig oder einfach, grob gezähnt, Nebenblätter groß und auffällig; Blüten einzeln, lang gestielt in den oberen Blattachseln oder in lockerer Rispe, bis 2,5 cm breit, goldgelb, zwischen den Blütenblättern scheinen die Kelchblätter durch; Früchte reif grünlich rot; ✿ Mai–August.

Wo zu finden: Gerne auf nährstoff-, vor allem stickstoffreichen und mäßig feuchten Böden. Gebüsche, Hecken, Säume, Waldränder, Mauern, Brachen, Gärten, Böschungen, Siedlungsraum. Fast überall in Europa ziemlich häufig.

Wie verwenden: Die vor der Blütezeit geernteten jungen Blätter sind eine sehr empfehlenswerte Zutat zu Salaten oder Wildgemüse. Zeitweilig hat man auch den intensiv nach Gewürznelken duftenden, aber recht bitter schmeckenden Wurzelstock verwendet, was wegen des starken Eigengeschmacks aber nicht empfehlenswert ist. Die hübschen Blüten kann man zum Garnieren von Salaten oder Desserts einsetzen.

Verwechslung: Die entfernt ähnlichen **Fingerkraut**arten (*Potentilla* spp.) haben überwiegend handförmig geteilte Blätter.

Wissenswert: Die Griffel werden in der Zeit der Fruchtreife sehr steif und krümmen sich wie Häkelnadeln ein. Sie tragen so zur Klettverbreitung der Einzelfrüchte bei.

Die Erdsprosse (Rhizome) enthalten das schwach giftige Nelkenöl mit Eugenol, der gleichen Hauptkomponente wie bei Gewürznelken. Zubereitungen setzte man volksheilkundlich bei Zahnfleischentzündungen ein. In der Homöopathie verwendet man die Pflanze bei Harnwegserkrankungen.

Mai–Juni

Europäischer Portulak

Portulaca oleracea

Merkmale: Einjährige, 10–20 cm hohe Pflanze; Stängel niederliegend bis aufsteigend; Blätter, bis 2,5 cm lang, länglich, verkehrt eiförmig, fleischig, unter den Blüten und am Stängelende gedrängt; Blüten gelb, Blütenblätter 6–8 mm lang, meist nur 2 Kelchblätter; ✿ Juni–September.
Wo zu finden: Trockenwarme, nährstoffreiche, offene Standorte, Weinberge, Gärten, Pflasterfugen. Vor allem in Südeuropa weit verbreitet, in Mitteleuropa eher als Gartenflüchtling.
Wie verwenden: Portulak ist eine alte, etwas aus der Mode gekommene Gartenpflanze, die aber neuerdings wieder eine höhere Wertschätzung erfährt. Man verwendet die jungen Blätter zu Salaten, Omelettes, Saucen, Kräutersuppen, Quarkspeisen und anderen Wildkräuterzubereitungen (Gemüse) nach Belieben. Nach dem Trocknen verlieren sie ihren frisch etwas pikanten Geschmack. Für den Gebrauch im Winter kann man sie in einen sehr trockenen Weißwein einlegen.
Verwechslung: In ihrer charakteristischen Merkmalskombination ist die Pflanze mit keiner anderen Art zu verwechseln, die als problematisch anzusehen wäre.
Wissenswert: Ähnlich verwendungsfähig ist das verwandte **Tellerkraut** (*Claytonia perfoliata*). Unterhalb der Blütenstände mit paarweise kreisförmig-tellerähnlich verwachsenen Hochblättern; Blüten unscheinbar grünlich weiß, bis 8 mm breit. Gärten, Baumscheiben, Friedhöfe, Parkanlagen, Mauern, überwiegend auf trockenen, nährstoffreichen Böden. Stammt aus dem pazifischen Nordamerika, als Salatpflanze kultiviert („Kubaspinat") und nun verwildert.

Juli–August

Scharbockskraut

Ranunculus ficaria

Merkmale: Mehrjähriges Kraut, 5–15 cm hoch, mit meist liegendem und an den Knoten wurzelndem Stängel; Blätter lang gestielt, herzförmig, etwas gekerbt, oberseits glänzend dunkelgrün, unterseits heller; Blüten 3–5 cm breit, mit 3 kelchartigen, grüngelben Hüllblättern und 8–12 goldgelben kronblattartigen Honigblättern; ✿ März–Mai.

Vokommen: Auenwälder, Feuchtwiesen, Bachufer, Gräben, Obstgärten und Hecken, meist in größeren Beständen. Überall in Europa häufig, in Deutschland von der Ebene bis ins Gebirge, in den Alpen bis 1400 m.

Wie verwenden: Die sehr zeitig im Frühjahr geernteten und dann noch nicht unangenehm scharf, sondern leicht säuerlich schmeckenden Blätter sind eine beliebte Zutat zu Frühlingssalaten und Gemüsezubereitungen. Wegen des hohen Gehaltes an Vitamin C hat man damit früher Vitaminmangelerscheinungen vorgebeugt (Scharbock = Skorbut). Scharbockskraut sollte nur vor der Blütezeit verwendet werden.

Verwechslung: Die übrigen Arten der Gattung *Ranunculus* (**Hahnenfuß**) haben stark geteilte Blätter und 5-zählige Blüten. Sie sind allesamt leicht giftig.

Wissenswert: Die meisten in Mitteleuropa vorkommenden Pflanzen sind triploid und deswegen steril. Sie vermehren sich dann rein vegetativ durch weißliche Brutknospen in den Blattachseln.

Achtung!

Während und nach der Blüte enthalten alle Teile der Pflanze das giftige Protoanemonin – sobald das Sammelgut betont scharf schmeckt, ist es nicht mehr küchentauglich.

März (vor der Blüte)

Acker-Senf

Sinapis arvensis

Merkmale: Einjährige, 30–70 cm hohe Pflanze mit abstehend rau behaartem Stängel; Blätter im Umriss oval, tief eingeschnitten, buchtig gezähnt oder gefiedert mit grob gezähnten Endlappen; Blüten bis 1,5 cm breit, leuchtend schwefelgelb, die gelbgrünen Kelchblätter stehen waagerecht ab. Schoten mit schnabelartigem Fortsatz, Samen schwarzbraun; ✿ Mai–September.
Wo zu finden: Nährstoffreiche Böden, Äcker, Wegsäume, Schuttplätze. Überall in Europa verbreitet und häufig, auf Brachen oft massenhaft. In den gemäßigten Zonen ist er heute weltweit verbreitet.
Wie verwenden: Die rettichartig, aber nicht allzu scharf schmeckenden jungen Blätter und Sprossspitzen verwendet man möglichst vor der Blüte und wegen des intensiven Geschmacks nur in kleineren Mengen als Zugabe zu Salaten oder in Wildgemüse.

Verwechslung: Acker-Hederich (Seite 137), **Weißer Senf** (*Sinapis alba*) oder **Schwarzer Senf** (*Brassica nigra*) – alle unproblematisch.

Rezept

Der eigene Senf

Acker-Senfsamen
Weinessig
Meerrettich
Cayenne-Pfeffer
Estragon oder andere Kräuter

Samen mahlen, mit Weinessig zu einem Brei verrühren, mit Meerrettich, Cayenne-Pfeffer, Estragon und etwaigen anderen Würzkräutern abschmecken.

April–Juni

Echtes Barbarakraut, Echte Winterkresse

Barbarea vulgaris

Merkmale: Zweijährige, meist wintergrüne, bis 90 cm hohe Pflanze mit gerilltem Stängel; Grundblätter in Rosette, untere Stängelblätter gestielt, buchtig-leierförmig, mit 5–9 Paar Fiedern und großem Endlappen, die oberen sitzend und tief eingeschnitten; Blüten kräftig gelb, bis 12 mm breit, gestielt, in dichten Trauben. Schoten aufrecht-abstehend; ✿ April–Juni.

Wo zu finden: Hecken, Wegränder, Schuttplätze, Ufer, Böschungen. In Europa weit verbreitet, in Deutschland in fast allen Gebieten häufig. In gemäßigten Breiten heute weltweit.

Wie verwenden: Gilt als Alternative zur Brunnenkresse (Seite 138) und weist einen ähnlichen pikant scharfen Geschmack auf. Die Blätter werden gerne als Rohkostbeigabe zu Frühlingssalaten, zusammen mit Giersch, ein wenig Scharbockskraut sowie Brennnessel genommen. Feingehackte Blätter eignen sich auch für Kräuterbutter. Für die kulinarische Verwendung sind nur die jungen Blätter der bodenständigen Rosette zu empfehlen – die späteren Stängelblätter sind zwar geschmacklich interessant, aber zu derb. In gleicher Weise verwendungsfähig ist das Mittlere Barbarakraut (*Barbarea intermedia*), bei dem nur die oberen Stängelblätter fiederteilig sind.

Verwechslung: Wilde Sumpfkresse (*Rorippa sylvestris*), formenreich, bis 50 cm hoch, mit kantigem, hohlem Stängel, häufig an Wegrändern, Gräben, Flussufern und Schuttstellen. Blüht später (ab Juni), ähnlich verwendbar. Der leicht giftige **Acker-Schöterich** (*Erysimum cheiranthoides*) hat eher ganzrandige oder gezähnte Blätter und 4-kantige, ungeschnäbelte Schoten.

Wissenswert: Für Pflanzen, die in der antiken Literatur unerwähnt blieben, verwendete man bei der Erstbeschreibung im deutschen Sprachraum gerne Heiligennamen.

Februar–April

Pastinak

Pastinaca sativa

Merkmale: Zweijährig, formenreich, 30–100 cm hoch, mit kantig gefurchtem, leicht behaartem, nur im oberen Teil verzweigtem Stängel; Blätter meist einfach unpaarig gefiedert; Fiedern länglich oval, bis 2 cm breit und 5 cm lang, gekerbt, duften beim Zerreiben aromatisch nach Möhren; Blüten klein, chromgelb, zahlreich in zusammengesetzten Dolden ohne Hülle und Hüllchen; ✿ Juli–September.
Wo zu finden: Wiesen, Wegränder, Brachen, Gärten, gerne auf trockenen Lehmböden. In Europa weit verbreitet, aber nur stellenweise häufig.
Wie verwenden: Die jungen Blätter sind eine würzende Salatzugabe, man kann sie aber auch in Suppen, Saucen oder Gemüsezubereitungen verwenden. Geschmacklich passen sie sehr gut zu Hülsenfrüchten sowie zu den vom Aroma her ohnehin ähnlichen Möhren. Die weißen Wurzeln werden wie Möhren zubereitet oder einfach zusammen mit Sellerie und Kartoffeln als Suppengemüse verwendet. Die gekochten Wurzeln lassen sich auch sehr gut pürieren – als Beilage zu gegrilltem Fleisch und Fisch.
Verwechslung: An den typischen Standorten kommen keine stark giftigen gelb blühenden Doldenblütengewächse vor.
Wissenswert: Alte Kulturpflanze, die noch im 18. Jahrhundert vielfach angebaut wurde. In Mitteleuropa eventuell nur Kulturflüchtling. Heute gewinnt die Art wieder mehr Wertschätzung.

Achtung!

Beim Umgang mit den frischen Pflanzenteilen sollten empfindliche Personen vorsichtig sein: Der Saft enthält Furocumarine (Psoralene), die insbesondere nach Aufenthalt im Sonnenlicht zu Hautirritationen führen können (Photosensibilisierung).

Mai (Blätter), Oktober (Wurzel)

Gewöhnlicher Löwenzahn

Taraxacum officinale

Merkmale: Mehrjährig, sehr formenreich, mit dickem, pfahlwurzelähnlichem Wurzelstock; alle Blätter grundständig, kahl, glattrandig, gelappt, grob gesägt oder fiederspaltig, mit Milchsaft; Blütenkörbchen 3–6 cm breit, einzeln endständig auf rötlichem, röhrig-hohlem, glattem, 10–50 cm langen Schaft (Stängel), Hüllblätter grün, schmal, zur Blütezeit zurückgebogen; Einzelblüten goldgelb, nur fein 5-zipflige lineallische Zungenblüten vorhanden, diese zu etwa 150–200; ✿ April–Juni.
Wo zu finden: Fettwiesen, Weiden, Wegränder, Gärten, Äcker, lichte Wälder, alpine Matten, auf nährstoffreichen, frischen und tiefgründigen Böden. In Europa überall sehr häufig.
Wie verwenden: Junge Löwenzahnblätter ergeben einen angenehm bitter nussig schmeckenden Wildpflanzensalat. Ältere Blätter bereitet man wie Spinat als Wildgemüse zu. Aus den Blüten lässt sich ein Sirup als Brotaufstrich herstellen, der ähnlich wie Honig schmeckt.
Verwechslung: Während der Blütezeit im Frühjahr ist eine Verwechslung ausgeschlossen.

Rezept

Löwenzahnsirup
3 Handvoll Löwenzahnblüten
1 kg Zucker
Saft einer Zitrone

Löwenzahnblüten in 750 ml Wasser geben, 10 Min. aufkochen und durch Kaffeefilter gießen. Zucker und Zitronensaft zugeben. Unter Rühren sanft köcheln lassen, bis sich der Zucker aufgelöst hat, danach noch 15 Minuten auf kleiner Flamme ziehen lassen. In Marmeladengläser füllen.

Februar–November

Schlangen-Knöterich

Polygonum bistorta

Merkmale: Mehrjährige, 50–120 cm hohe Pflanze mit kriechendem, schlangenartig gewundenem Wurzelstock, davon gehen lange unterirdische Ausläufer aus; Grundblätter gestielt, länglich, Stängelblätter sitzend, zungenförmig mit herzförmiger Basis, wellig gekerbt, 10–20 cm lang und bis 3 cm breit, mit langen, gestreiften, auffälligen Blattscheiden an der Blattstielbasis; Blüten rosarot (seltener auch reinweiß), zahlreich in walzenförmiger, bis 5 cm langer Scheinähre; ✿ Mai–Juli.

Wo zu finden: Bach- und Grabenränder, Feucht- und Nasswiesen, Niedermoore, Staudenfluren, meist lokal häufig. In Mitteleuropa fast nur im Bergland, fehlt in Nordeuropa. In den Alpen bis 1900 m. Gebietsweise zerstreut bis selten – sollte dort nicht gesammelt werden.

Wie verwenden: Die im Frühjahr geernteten noch zarten Blätter schmecken angenehm mild, da ihnen die großen Oxalsäuremengen des verwandten Sauerampfers fehlen, und eignen sich daher hervorragend für Wildgemüsezubereitungen. Die Blattstiele werden dabei ebenfalls verwendet. Häufiger Verzehr größerer Mengen ist allerdings nicht zu empfehlen, da die Pflanzenteile mit der Zeit Oxalsäure und deren Salze anreichern.

Verwechslung: Am angegebenen Standort und unter Berücksichtigung der typischen Blütenstandsmerkmale sind Verwechslungen mit giftigen Arten unwahrscheinlich.

Wissenswert: Nach der mittelalterlichen Signaturenlehre sollte der auffällig gewundene Wurzelstock Schlangenbisse kurieren helfen und auch vor Spinnen- und Skorpionbissen schützen. Diese traditionell unterstellten Heilanzeigen bzw. Vorsorgen kann die Pflanze jedoch nicht leisten.

April–Juni

Rot-Klee, Roter Wiesen-Klee

Trifolium pratense

Merkmale: Formenreiche, mehrjährige Pflanze mit kantigen, leicht behaarten, meist aufsteigenden Stängeln, 15–45 cm hoch; Blätter lang gestielt, 3-zählig gefiedert, Fiedern oval, glattrandig, 1–3 cm lang, kurz gestielt, heller oder purpurn V-förmig gefleckt, Nebenblätter spitz, oval; Blüten purpurn, rot oder rosa, zahlreich in 2–3 cm breiten, kugeligen Köpfchen, duften, Kelch 10-nervig, behaart; ✿ Mai–August.

Wo zu finden: Weiden, Fettwiesen, Wegsäume. In Europa weit verbreitet und häufig. In Sorten als Futterpflanze angebaut und aus dem Anbau sortenreich verwildert. In den Alpen bis 2000 m.

Wie verwenden: Die jungen mild-würzig schmeckenden Blätter und die leicht süßlichen Blütenköpfe sind eine bedenkenswerte Salatzutat und eignen sich auch als Wildgemüse. Die (vor allem am späteren Vormittag gesammelten) Blütenköpfe und ausgezupften Einzelblüten eignen sich auch als nette Dekoration zu verschiedenen Salat- oder Gemüsezubereitungen. Aus den getrockneten Blütenkopfen lässt sich ein schmackhafter, ziemlich aromatischer Tee zubereiten.

Verwechslung: Die Art ist sehr kennzeichnend und mit keiner problematischen Wildpflanze zu verwechseln.

Wissenswert: Rot-Klee ist eine ausgesprochen proteinreiche Futterpflanze. Ihre Wurzeln leben mit stickstoffbindenden Knöllchenbakterien zusammen.

Rezept

Rotklee-Trauben-Nuss-Pasta

Al dente gekochte Pasta in der Pfanne zusammen mit den Blütenköpfen des Rot-Klees in Butter leicht anbräunen. Zuletzt halbierte (blaue) Weintrauben, Orangenfilets und Nüsse zugeben.

April–Juni

Weg-Malve, Käsepappel

Malva neglecta

Merkmale: Ein- bis mehrjährige Pflanze mit liegendem bis aufsteigendem Stängel von 10–50 cm Länge; Blätter gestielt, im Umriss rundlich, undeutlich handförmig mit 3–5 (–7) ungleich großen Lappen; Blüten hellrosa oder fast weiß, einzeln in den Blattachseln, bis 2,5 cm breit, Kelchblätter halb so lang wie die Kronblätter; ✿ Juni–September (manchmal November).
Wo zu finden: Auf stickstoffhaltigen, nährstoffreichen Böden, Wegrändern, Schuttstellen, Bahnanlagen, Mauern, Böschungen, Gärten. Fast überall in Europa verbreitet, in Deutschland stellenweise zerstreut, sonst häufig.
Wie verwenden: Die jungen Blätter der Rosette lassen sich beinahe ganzjährig für Salate, Kräutersaucen, Eiergerichte (Omelette), Suppen oder Wildgemüse verwenden. Da sie leicht scharf schmecken, nimmt man sie nur in jeweils kleinen Mengen und mildert sie mit anderen Wildkräutern (Giersch, Gundermann u. a.) etwas ab. Die noch unreifen Früchte legt man in Essig ein und verwendet sie als Kapernersatz.
Verwechslung: Ähnlich ist die **Wilde Malve** (*Malva sylvestris*), die kulinarisch gleich zu bewerten ist. Sie trägt größere, hellpurpurne Blüten mit dunkleren Streifen, die eine sehr aparte Dekoration zu Wildkrautsalaten oder Desserts liefern.
Wissenswert: Alle Malven werden häufig von Rostpilzen befallen und zeigen dann auf den Blattunterseiten punktförmige rostbraune Flecken. Solche Blätter nicht verwenden. Unreif kann man die käseleibartig runden Früchte essen – sie schmecken tatsächlich ein wenig nach Käse mit flankierender Kohl-Note. Der zweite Namensbestandteil „-pappel" ist schwer zu deuten und hängt wohl mit dem Schleimstoffgehalt der Pflanzenteile zusammen.

Mai–September

Schmalblättriges Weidenröschen

Epilobium angustifolium

Merkmale: Mehrjährig, 50–150 cm hoch, mit aufrechtem, unverzweigtem Stängel; Blätter kurz gestielt, weich, schmal-lanzettlich, 1–2,5 cm breit und 9–12 cm lang, spitz, oberseits dunkel-, unterseits bläulich grün, am Rande umgebogen, seicht gekerbt bis wellig; Blüten rosa bis tiefrot, 2–3 cm breit, in endständigen, lockeren, spitzkegeligen Trauben; ✿ Juni–August.
Wo zu finden: Waldränder, Lichtungen, Schläge, Gebüsche, Böschungen, Brachen, Bahnschotter, Felsschutt. Überall in Europa verbreitet und meist sehr häufig, tritt gewöhnlich truppweise auf. Weltweit verschleppt.
Wie verwenden: Die Blätter und Sprossspitzen werden vor der Blüte gesammelt und schmecken blanchiert wie grüner Spargel.

Rezept

Weidenröschen-Pilz-Gemüse

Zutaten für 2 Personen:
¼ l Sahne
Salz, Pfeffer
Petersilie
150 g Blätter und Sprossspitzen vom Weidenröschen
150 g Pilze

Sahne steif schlagen, mit Salz und Pfeffer abschmecken, etwas fein gehackte Petersilie zugeben. Die Pilze in Scheiben schneiden und in Butter dünsten, Weidenröschen in Salzwasser kurz blanchieren. Auf eine Platte geben und mit der Sahne garnieren.

ab Juni

Echter Dost, Wilder Majoran

Origanum vulgare

Merkmale: Mehrjährige, 40–70 cm hohe Pflanze mit festem, aufrechtem, oft reich verzweigtem Stängel, an der Basis leicht holzig; alle Teile duften beim Abstreifen würzig nach Pizza; Blätter gegenständig, kurz gestielt, oval, glattrandig oder schwach gezähnt, kurz behaart, daher leicht graugrün, als Tragblätter im Bereich des Blütenstandes meist kräftiger rötlich überlaufen; Blüten klein und blassrosa, Oberlippe aufrecht, Kelchblätter kräftig purpurn, zahlreich in halbkugeligen Doldenrispen; ✿ Juli–September.

Wo zu finden: Halbtrockenrasen, Wegränder, Dämme, Böschungen, Mauern, Gebüsche. In Europa weit verbreitet, in Deutschland vor allem in den Wärmeregionen häufig. Im Gebirge bis etwa 1800 m.

Wie verwenden: Das frische oder getrocknete Kraut ist eine der beliebtesten heimischen Würzpflanzen, dessen aromatische Qualitäten sofort an die Verheißungen der mediterranen Küche erinnern: Man verwendet Dost zu Pasta und Fleischgerichten, sehr empfehlenswert auch für Kartoffelzubereitungen und Kräuterdressings. Dost ist auch Bestandteil der berühmten Würzkräutermischung „Herbes de Provence".

Verwechslung: Aufgrund der eindeutigen geruchlichen Eigenschaften und des charakteristischen Aussehens praktisch ausgeschlossen.

Wissenswert: Die auch Wilder Majoran genannte Pflanze ist (nicht nur) im Garten ein hervorragender Anziehungspunkt für Schmetterlinge. Der Echte Majoran (*Origanum majorana*) hat weiße bis blasslila Blütenkronen und der Kelch ist scheinbar 1-blättrig. Für die Gartenkultur an sonnigen Stellen sehr zu empfehlen, nicht nur als wertvolles Würzkraut, sondern auch als Nahrungsquelle für die Blütenbesucher.

Mai–September

Kleiner Wiesenknopf

Sanguisorba minor

Merkmale: Mehrjährig, oft wintergrün, 20–60 cm hoch; Stängel kantig gefurcht, oft rötlich, nur am Grunde behaart; Rosettenblätter 10–20 cm lang, mit rötlicher Mittelrippe, gefiedert, Fiedern etwa gleich groß, rundlich-oval, scharf gezähnt; Stängelblätter unterseits fast gleichfarben hellgrün; Blüten klein, Kelche grünlich bis rötlich, Kronen fehlen, zahlreich in kugeligem Blütenstand; ✿ Mai–Juli.

Wo zu finden: Mäßig trockene, meist kalkhaltige Lehmböden, Rohbodenpionier, Magerrasen, Wege, Wiesen. In Mitteleuropa weit verbreitet, aber nur stellenweise häufig.

Wie verwenden: Die jungen, leicht bitter-nussig bzw. nach Gurken schmeckenden Blätter eignen sich zu Salat und Gemüse, aber auch zu Eierspeisen und Fischgerichten. Traditionell wird er in der Hamburger Aalsuppe verwendet.

Verwechslung: Ähnlich ist der **Große Wiesenknopf** (*S. officinalis*), der kräftig dunkelrote Blütenköpfe trägt. Zu Namensverwechslungen kommt es immer wieder mit der **Kleinen Bibernelle** (*Pimpinella saxifraga*), die ähnliche Blätter, aber Doldenblüten trägt. Diese beiden schmecken brennend-scharf.

Rezept

Aromatischer Kräuteressig

15 Wiesenkopf-Blätter (Bibernelle)
3 Stiele Zitronen-Melisse
2 Stiele Estragon
1 l Weinessig

Kräuter zum Essig geben und 4 Wochen stehen lassen, dann abseihen.

ab Juni

Große Klette

Arctium lappa

Merkmale: Zweijähriges, stattliches Kraut, 50–150 cm, Stängel kräftig kantig bis rinnig gefurcht, markhaltig, mitunter rötlich überlaufen; Blätter gestielt, breit herzförmig, bis 50 cm lang, oberseits stumpfgrün, unterseits filzig behaart, fast glattrandig bis wenig gezähnt; Blütenköpfe distelartig, kugelig, 3–4 cm breit, nur Röhrenblüten, rotviolett, Hüllblätter kahl, alle mit Hakenspitze; ✿ Juli–September.

Wo zu finden: Staudenreiche Krautgesellschaften an Wegrändern und Schuttstellen, ferner Brachen und Ufer, auf frischen, nährstoffreichen Böden. Kulturbegleiter seit der Jungsteinzeit. Fast überall in Europa verbreitet.

Wie verwenden: Mit Blättern und Sprossspitzen bereichert man Wildmischgemüse. Die markhaltigen Stängelstücke weisen – wie Spargel zubereitet – ein sehr angenehmes nussiges Aroma auf. Die im Herbst gegrabene Klettenwurzel gibt nach Zubereitung wie Schwarzwurzel ein überraschend delikates Wurzelgemüse. Aus den Klettenfrüchten wurde früher ein fettes Öl abgepresst, das als Speiseöl tauglich ist.

Verwechslung: Bei den übrigen im Gebiet vorkommenden Klettenarten sind entweder die Stängel hohl oder die Blütenköpfe spinnwebig behaart. Sie eignen sich weniger als Wildgemüse.

Wissenswert: Fast alle heimischen Klettenarten werden heute noch in der Homöopathie als Heilpflanzen verwendet, vor allem bei Beschwerden der Verdauungsorgane, bei rheumatischen Erkrankungen und gegen Hautleiden.

Die sprichwörtliche Anhänglichkeit der Kletten-Fruchtköpfe veranlassten den Schweizer Ingenieur Georges de Mestral schon im Jahre 1951 zur Anmeldung eines Bionik-Patentes, nachdem er seinem Hund im Anschluss an einen Jagdausflug etliche der kugeligen Klettenköpfe aus dem Fell gelesen hatte.

ab Mai

Gundermann, Gundelrebe

Glechoma hederacea

Merkmale: Mehrjährige Pflanze mit kriechenden, dünnen, 30–80 cm langen, an den Knoten wurzelnden Stängeln, richten sich nur in der Blütenregion bis 20 cm hoch auf; Blätter gegenständig, kahl, im Umriss rundlich, erinnern an Efeu, 1–2 cm breit, gekerbt, unterseits mit vortretenden Blattnerven, glänzend dunkelgrün, mitunter rötlich überlaufen, gewöhnlich zum Licht gedreht; Blüten blau bis blauviolett, in den Achseln der oberen Blätter, Zwitterblüten 1–2 cm lang, rein weibliche Blüten deutlich kürzer, Oberlippe kurz, Unterlippe breit, 3-zipflig mit großem, geflecktem Mittelteil; ✿ März–Mai.
Wo zu finden: Wiesen, Auenwälder, Heckenränder, Gärten, Mauern, gerne auf frischen, nähr- und stickstoffreichen, tiefgründigen Böden. In Europa überall häufig. Im Gebirge bis 1500 m.
Wie verwenden: Wegen seines feinherben Geschmacks kann man die frisch leicht muffig riechende Pflanze sehr gut in Wildkräutersuppen oder als Wildgemüse verwenden. Sie ist zudem sehr gut mit Hülsenfrüchten zu kombinieren. Zusammen mit Petersilie, Kerbel und Melde in Quark eingerührt ergibt sie einen nicht alltäglichen und betont aromatisch schmeckenden Brotaufstrich. Mit den Blüten dekoriert man frühsommerliche Desserts und belegte Brote.
Verwechslung: Keine problematische Verwechslungsart an den angegebenen Standorten.

Rezept

Gundermann-Gemüse
Roh schmecken die Blätter etwas scharf. Wenn man sie wie Spinat mit etwas Öl und einem Stich Butter dünstet, ergeben sie ein sehr schmackhaftes Gericht. Vor dem Servieren mit Pfeffer und Salz abschmecken und mit ein paar frischen Blüten garnieren.

ab März

Wiesen-Salbei

Salvia pratensis

Merkmale: Mehrjährige, 30–80 cm hohe Pflanze mit aufrechtem, 4-kantigem, hohlem und ästig verzweigtem Stängel; Blätter gegenständig, gestielt, Spreite bis 12 cm lang, breit oval, an der Basis herzförmig, grob und unregelmäßig gezähnt bis wenig gelappt, oberseits stark runzlig; Blüten blauviolett, seltener auch hellblau, rosa oder ganz weiß, 2–2,5 cm lang, Oberlippe breit und sichelförmig gekrümmt, in lockerer Ähre; ✿ Mai–August.

Wo zu finden: Halbtrockenrasen, Dämme, Böschungen, Gebüschränder, Wegsäume, meist auf kalkhaltigem Boden. Vor allem in Mitteleuropa verbreitet.

Wie verwenden: Obwohl der Wiesen-Salbei schwächer duftet als der nahe verwandte **Garten-Salbei** (*Salvia officinalis*), sind die jungen, noch zarten Blätter frisch oder getrocknet ein empfehlenswertes Gewürz für Pasta, Fleisch- und Fischgerichte. Sie eignen sich auch als würzende Zutat zu Salaten und Frischkäserezepten. Salbeiblüten aromatisieren Kräuterbutter, Kräuteröl und Kräuteressig. Wegen des je nach Alter und ab Spätsommer etwas bitteren Geschmacks verwendet man jüngere Salbeiblätter und diese immer nur sparsam.

Verwechslung: Beim (verwilderten) Garten-Salbei sind die Blätter sortenabhängig graugrün bis violettgrau, schmaler und fein gekerbt. Außerdem setzen sie beim leichten Abstreifen ein charakteristisches ätherisches Öl frei, das dem Wiesen-Salbei fehlt. Die übrigen heimischen oder gärtnerisch verwendeten Arten eignen sich nicht für die Wildpflanzenküche.

Wissenswert: Wenn Biene oder Hummel mit ihrem Rüssel in die Kronröhre vordringen, stoßen sie an die gelenkig aufgehängten Staubblätter, die herunterklappen und ihnen den Pollen auf dem Rücken abladen.

ab Juni

Gewöhnlicher Beinwell

Symphytum officinale

Merkmale: Mehrjährig, 40–100 cm hoch, mit kantigem Stängel; Blätter schmal lanzettlich, die unteren bis 5 cm breit und 25 cm lang, die oberen kleiner und mit der Basis am Stängel herablaufend; Blüten cremeweiß, rötlich oder bläulich bis tiefviolett, glockig, in Scheindolden; ✿ Mai–September.

Wo zu finden: Wiesen, Ufer, Gräben, Wegränder, gerne auf frischen bis feuchten Böden. Nährstoffzeiger. Fast überall in Europa verbreitet.

Wie verwenden: Küchentauglich sind nur die zarteren jungen Blätter. Man bereitet daraus durch Dünsten oder Blanchieren ein sehr schmackhaftes Gemüse zu. Nur die zartesten Blätter eignen sich auch fein gehackt als Salatzugabe. Beinwell sollte man nicht regelmäßig oder in größeren Mengen essen, denn die Art enthält auf Dauer leberschädigende Alkaloide (Pyrrolizidine).

Verwechslung: Eine gewisse Ähnlichkeit weisen die allerdings weichhaarig und sehr bitter schmeckenden Blätter des giftigen Roten Fingerhutes auf. Die Beinwell-Blätter fühlen sich dagegen ziemlich rau an, wie es zur Familienzugehörigkeit (Raublattgewächse) passt.

Wissenswert: Beinwell ist eine alte Heilpflanze. Die innerliche Anwendung hat man wegen des zwar geringen, aber immerhin deutlichen Alkaloidgehaltes (vor allem der unterirdischen Teile) weitgehend aufgegeben. In den glockigen Blüten verschließen 5 Schlundschuppen den Direktzugang, so dass die Nektarvorräte nur besonders langrüssligen Hautflüglern zugänglich sind; kurzrüsslige Arten beißen die Blütenkronen daher am Grund an und klauen den Nektar unter Umgehung der Standardbestäubungsroute.

April–September

Wegwarte

Cichorium intybus

Merkmale: Mehrjährige, 30–150 cm hohe Pflanze mit Milchsaft und sparrig verzweigtem, bemerkenswert zähem und leicht rauhaarigem Stängel; Grundblätter rosettig, Stängelblätter ungestielt und wie beim Löwenzahn grob gesägt bis fiederteilig, nach oben zunehmend schmaler und nur noch wenig gezähnt; Blütenkörbchen hell- bis himmelblau, seltener auch rosa oder weißlich, aus Zungenblüten, 3–4 cm breit; ✿ Juli–Septmeber.

Wo zu finden: Wegränder, Brachen, Wiesen, Schuttstellen, auf bevorzugt trockenen und eventuell steinigen Böden. In Europa weit verbreitet, in Deutschland im Norden nur zerstreut, fehlt in den Alpen.

Wie verwenden: Junge Blätter, möglichst vor der Blütezeit geerntet, schmecken betont bitter, aber recht aromatisch und eignen sich – fein geschnitten oder gehackt – in Salaten, in Quarkspeisen oder als Brotaufstrich. Man kann sie auch leicht dünsten und als Gemüse servieren.

Verwechslung: Etwas ähnlich sieht der schützenswerte und weniger sparrige **Blaue Lattich** (*Lactuca perenne*) aus, der jedoch relativ selten ist. Die Blätter dieser Wildpflanze gelten ebenfalls als genießbar, doch sollte man die Art aus Naturschutzgründen an ihren wenigen heimischen Standorten schonen.

Wissenswert: Die Blütenköpfe öffnen sich nur bei sonnigem Wetter und sind kurzlebig – bereits am frühen Nachmittag des Aufblühtages verwelken sie. Die Wegwarte ist die Stammpflanze von Zichorie und Endiviensalat. Aus der Zichorienwurzel hat man früher und vor allem in Notzeiten nach Trocknung und Rösten einen bitter schmeckenden Ersatzkaffee zubereitet.

ab Juni

Große Brennnessel

Urtica dioica

Merkmale: (Foto links) Mehrjährig, 30–200 cm hoch, mit aufrechtem, unverzweigtem, 4-kantigem Stängel; Blätter gegenständig, länglich oval, spitz, grob gesägt, wie der Stängel mit langen Brennhaaren; Blüten zweihäusig, unscheinbar, grünlich, in langen, dünnen Rispen; ✿ Juni–Oktober.

Wo zu finden: Wegränder, Brachland, Hecken, Schuttstellen, Wälder, Siedlungen, Gärten. Stickstoffzeiger. Überall in Europa sehr häufig, in gemäßigten Breiten heute weltweit. Außer Wildgemüse auch Heil- und Nutzpflanze.

Wie verwenden: Die noch zarten Blätter und Triebe sind in der entschlossenen Wildkrautküche geradezu ein Klassiker, denn sie schmecken erstaunlich würzig. Besonders bekannt ist die Zubereitung als spinatähnliches Gemüse oder in grünen Saucen. Die jungen Blätter lassen sich jedoch auch roh in Wildkrautsalaten oder in Kräuterquark verwenden, müssen dazu aber zuvor entschärft werden, indem man die unangenehmen Brennhaare unter einem scharfen Fließwasserstrahl behandelt, wodurch sie ihre Wirkung verlieren. Ebenso wirksam ist natürlich ein kurzes Blanchieren. Brennnessel-Blätter eignen sich entweder allein oder zusammen mit anderen Wildgemüsen (wie Taubnessel, Wiesen-Kerbel und Vogel-Sternmiere) sehr gut für Aufläufe auf Pasta- oder Kartoffelbasis.

Verwechslung: Keine Verwechslungsgefahr mit heimischen Problemarten.

Wissenswert: Vergleichbar zu verwenden ist die ähnliche **Kleine Brennnessel** (*Urtica urens*, Foto rechts). Sie ist einjährig und hat elliptische bis rundlich-eiförmige Blätter mit besonders stark brennenden Haaren; Blütenstände höchstens 2 cm lang, Äcker, Gärten, Wegsäume. Heute weltweit verbreitet.

April–Mai

Wiesen-Sauerampfer

Rumex acetosa

Merkmale: Mehrjährige, meist wintergrüne, bis 120 cm hohe Pflanze mit gestreiftem, hohlem Stängel, oft rötlich überlaufen; Grundblätter lang gestielt, Stängelblätter kurz gestielt oder sitzend, Spreiten pfeilförmig mit abwärts gerichteten Spießecken, ziemlich derb und etwas fleischig; Blüten zweihäusig, rötlich grün, mit 6 schwieligen Blütenhüllblättern, zahlreich in schlanken, lockeren Rispen; ✿ Mai–Juni.

Wo zu finden: Wiesen, Weiden, Brachen, Wegränder, gerne auf lockeren Lehmböden. Überall in Europa ziemlich häufig und oft massenhaft.

Wie verwenden: Die jungen Blätter weisen einen recht hohen Gehalt an Vitamin C, aber auch an Oxalsäure auf. Die Pflanze ist eines der bekanntesten und besonders häufig verwendeten Wildgemüse. In Frankreich verwendet man sie mit Estragon und Kerbel in der berühmten Nouvelle Cuisine, beispielsweise in der Sauerampferblättersuppe Soupe à l'oseille, wozu man die feingehackten Blätter kurz in Butter andünstet und dann in Fleischfond durchkocht. Die gekochten Blätter lassen sich auch sehr gut pürieren.

Verwechslung: Keine Verwechslungsgefahr mit giftigen Arten.

Achtung!

Oxalsäure ist in größeren Mengen gesundheitsschädlich, weil sie dem Körper wichtige Spurenstoffe entzieht, darunter vor allem Calcium. Sauerampfer sollte man daher nur in mäßigen Mengen und auch nicht regelmäßig verwenden – schon gar nicht bei rheumatischen Erkrankungen.

Mai–Juni

Schild-Sauerampfer

Rumex scutatus

Merkmale: Mehrjährige Pflanze mit liegendem oder aufsteigendem, reich verzweigtem Stängel, 20–40 cm hoch; Grundblätter auffallend bläulich grün, rundlich, lang gestielt, 2–6 cm lang, an der Basis mit 2 breiten Spießecken; Blüten unscheinbar rötlich grün und klein, zweihäusig, gestielt, ohne Tragblätter, in lockerer Rispe; ✿ Mai–August.

Wo zu finden: Offene, besonnte, feinerdearme Steinschutt- und Geröllböden, Mauern, Rebfluren, Wegränder. In Europa weit verbreitet, aber zerstreut, im südlichen Bergland bis über 2000 m. An den meisten Stellen in Mitteleuropa verwildert aus früherem Gemüseanbau („Römischer Spinat").

Wie verwenden: Die jungen Pflanzenteile, insbesondere die Blätter und Sprossspitzen, schmecken ähnlich wie Guter Heinrich oder Weißer Gänsefuß und lassen sich daher auf die gleiche Weise verwenden. Eine besondere Empfehlung wäre die Zubereitung nach Art von Blattspinat als Beilage zu Pasta.

Verwechslung: An den angegebenen Standorten und unter Berücksichtigung der typischen Merkmale ist die Art unverwechselbar.

Wissenswert: Im Rheinland kommt die Pflanze als Burggartenflüchtling vor allem im Umkreis der zahlreichen mittelrheinischen Burgruinen vor und stellt insofern ein grünes Kulturdenkmal dar. Da die Pflanze sehr dekorativ aussieht, wäre auch eine Kultur im eigenen Garten zu bedenken, vor allem an stark besonnten Stellen direkt vor der Hauswand.

Eine heute in Vergessenheit geratene Art ist der Garten-Ampfer (*Rumex patientia*), der früher gerne in Klostergärten gezogen wurde. Die übrigen heimischen Arten wie der Stumpfblättrige Ampfer (*R. obtusifolius*) sind leicht giftig und für die Küche ungeeignet.

April–Juni

Guter Heinrich

Chenopodium bonus-henricus

Merkmale: Mehrjährige, 20–60 cm hohe krautige Pflanze; Stängel aufrecht, meist unverzweigt, oft rötlich, Wurzelstock rübenartig verdickt; Blätter gestielt, 3-eckig spießförmig, spitz oder stumpf, annähernd glattrandig, oberseits anfangs etwas mehlig, später dunkelgrün, unterseits meist bleibend mehlig; Blüten klein, unscheinbar, in kegelförmiger Rispe, Blütenhülle gelblich grün; ✿ Juni–September.

Wo zu finden: Nährstoffreiche Böden, dorf- bzw. siedlungsnahe Krautfluren, Gärten, Schuttstellen, Wegränder. In Europa weit verbreitet, aber nicht unbedingt häufig.

Wie verwenden: Für Wildkräutersuppen, Gemüsezubereitungen nach Art von Spinat (gehört zur gleichen Pflanzenfamilie!) oder in Kombination mit Löwenzahn, Giersch, Vogelmiere und Brennnesseln sehr variantenreich zu verwenden. Gilt in Deutschland als hochgradig gefährdete Art und sollte daher im Freiland nicht gesammelt werden. Nur auf Pflanzen aus Gartenkultur zurückgreifen!

Verwechslung: Mehrere Gänsefuß-Arten sehen sehr ähnlich aus. Die meisten davon sind entsprechend verwendbar. Nur wenige haben ungünstige aromatische Eigenschaften.

Wissenswert: Früher wurde die Pflanze anstelle von Spinat sehr häufig in Bauerngärten gezogen und gelangte durch Verwilderung an alle möglichen Siedlungsstandorte. Alle *Chenopodium*-Arten werden vom Wind bestäubt. Der deutsche Artname greift die Deutung als „guter Geist des Hauses“ („Heinzel“männchen) auf.

ab Juni

Weißer Gänsefuß

Chenopodium album

Merkmale: Einjährige, formenreiche, 1–1,5 (mitunter auch 2) m hohe, ästig verzweigte Pflanze mit aufrechtem oder aufsteigendem Stängel, duftet beim Zerreiben angenehm aromatisch; Blätter groß, etwas fleischig, rautenförmig bis lanzettlich, oft buchtig gelappt, mehlig bestäubt und deswegen bläulich grün bis graugrün; Blüten unscheinbar weißlich grün, zahlreich in Rispen; ✿ Juli–September.

Wo zu finden: Äcker, Gärten, Wegränder, Brachen, Schuttstellen, Stickstoffzeiger. In Europa fast überall ziemlich häufig, aber als heimisches Wildkraut erstaunlicherweise nur wenig bekannt und noch weniger kulinarisch verwendet.

Wie verwenden: Die jungen Blätter und Sprossspitzen schmecken sehr mild und können wie Mangold oder Blattspinat als Gemüse zubereitet werden. Sie eignen sich – eventuell kurz blanchiert – als Zugabe zu Salaten und Kräutersuppen.

Verwechslung: Die ebenfalls im Gebiet vorkommenden und nahe verwandten Gänsefuß- und Meldenarten sind nicht leicht zu unterscheiden. Relativ unappetitlich riechen nur wenige Gänsefußarten. Alle übrigen sind im Prinzip ähnlich verwendbar. Alle Arten, deren Blätter beim Zerreiben die Nase arg strapazieren wie etwa der Stinkende Gänsefuß (*Chenopodium vulvaria*), bleiben daher aus der Küche fern.

Wissenswert: In römischer Zeit war die Art eine beliebte und häufig kultivierte Gartenpflanze, heute ist sie eher zum lästigen Unkraut degradiert worden. Die zahlreichen Samen (pro Pflanze bis zu 100 000) wurden in Notzeiten zu Mehl vermahlen und zusammen mit Roggen zu Brot verbacken. In der heimischen Flora sind an Ruderalstellen und Schuttplätzen heute etliche Arten vertreten, die aus anderen Kontinenten stammen.

Juni–September

Spieß-Melde, Spießblättrige Melde

Atriplex prostata

Merkmale: Einjährig, formenreich, 30–90 cm hoch, mit liegendem oder aufrechtem, von Grund an verzweigtem Stängel, anfangs mehlig bestäubt, später kahl, mitunter rötlich überlaufen; Blätter 3-eckig spießförmig, glattrandig bis gezähnt oder spitz bestachelt, oberseits mattgrün, unterseits heller und mehlig; Blüten eingeschlechtig, unscheinbar, grünlich, weibliche Blüten ohne Blütenhülle, jedoch mit 2–3-eckigen Vorblättern, männliche ohne Vorblätter, beide zusammen in dichten Büscheln in knäueliger Ährenrispe; ✿ Juni–September.

Wo zu finden: Brachland, Schuttstellen, häufig entlang der Spülsäume an der Küste, Stickstoffzeiger. Fast überall in Europa häufig.

Wie verwenden: Die jungen, noch nicht ganz entfalteten und vor der Blütezeit gesammelten Blätter verwendet man roh in Salaten oder gekocht als Gemüse. Sie schmecken je nach Zubereitung spinatähnlich, jedoch nicht ganz so delikat wie Guter Heinrich (Seite 175).

Verwechslung: Sehr ähnlich sind verwilderte Exemplare der **Garten-Melde** (*Atriplex hortensis*), die früher als Gemüsepflanze kultiviert wurde und heute wieder eine bedenkenswerte Empfehlung für den eigenen Garten ist. Die Vorblätter der Blüten sind bei dieser Art nicht eckig, sondern stärker abgerundet. Als Wildgemüse geeignet sind die jungen Blätter und Stängel aller *Atriplex*-Arten – in der heimischen Flora fehlen problematische Verwechslungsarten.

Wissenswert: Die alten Kulturpflanzen Spinat und Mangold sind sehr enge Verwandte der Gänsefuß- und Meldearten – sie gehören in die Familie der Gänsefußgewächse.

Juli–August

Queller

Salicornia europaea

Merkmale: Einjährige, formenreiche, dickfleischige (sukkulente) Pflanze, entweder stark verzweigt mit steil aufwärts gerichteten Seitenzweigen (Formengruppe Langähren- oder Schlickwatt-Queller) oder weniger ästig und meist bodenanliegend wachsend (Kurzähren- oder Sandwatt-Queller); die Blätter sind zu winzigen Schuppengebilden rückgebildet, die Quellerpflanze besteht daher nur aus dicklichen Achsen; die Blüten sind zwittrig, sehr einfach, meist zu 2–3 in Vertiefungen zwischen einem winzigen Tragblatt und der Hauptachse; ✿ Juli–Oktober.

Wo zu finden: Häufig und oft massenhaft in den Wattgebieten von Nord- und Ostsee, an den übrigen Atlantikküsten und im Mittelmeergebiet.

Wie verwenden: Frisch gesammelte Quellerpflanzen werden gründlich gewaschen und (ohne Wurzeln) kurz in kochendem Wasser blanchiert. Sie geben ein sehr würzig schmeckendes, leicht an grünen Spargel erinnerndes Wildgemüse und passen hervorragend zu Fisch.

Verwechslung: Am Standort keine Verwechslungsgefahr mit problematischen Arten. Die ansatzweise ähnliche, etwa 10–30 cm hohe **Strand-Sode** (*Suaeda maritima*) hat aufsteigende Stängeln und linealische, dickfleischige 1–4 cm lange Blätter. Sie kann prinzipiell genauso verwendet werden.

Wissenswert: Die Queller bilden die Pioniergesellschaft im Verlandungsbereich des Watts. Die Art ist völlig überflutungsfest und steht jährlich gezeitenbedingt mehr als 500 Mal unter Wasser. In Fischfachgeschäften werden gelegentlich marinierte Quellerpflanzen angeboten, die man direkt als delikate Beilage servieren kann.

ab Juni

Breit-Wegerich

Plantago major

Merkmale: Mehrjährig, 10–40 cm hoch; alle Blätter in grundständiger, erstaunlich trittfester Rosette, Blätter im Umriss breit oval, 5–9 cm breit und 10–15 cm lang, mit 3–9 kräftigen, vorstehenden Parallelnerven, diese verschmälern sich plötzlich in den sehr kräftigen Stiel; Blüten unscheinbar grünlich, zahlreich in dichter, schlanker Ähre bis 15 cm Länge; ✿ Juni–Oktober.
Wo zu finden: Wege, Plätze, Abfallstellen. Überall in Europa häufig.
Wie verwenden: Die schon im April gesammelten, betont bitter schmeckenden Blätter ergeben einen recht schmackhaften Wildkrautsalat, wozu man sie eventuell in feine Streifchen schneidet. Sie können aber auch als Gemüse zubereitet oder in Quarkspeisen verwendet werden. Die kräftigen Blattrippen aussparen.
Verwechslung: Sehr charakteristische und an den angegebenen Standorten völlig unverwechselbare Art.

Wissenswert: Kulinarisch ebenso zu bewerten ist der **Spitz-Wegerich** (*Plantago lanceolata*): Blätter ebenfalls grundständig, jedoch schmal lanzettlich und immer ein wenig zerstreut behaart, 2–4 cm breit und 10–30 cm lang; Blüten bräunlich, zahlreich in zylindrisch-ovaler Ähre auf 5-kantigem Schaft. Beide Arten kann man auch in Salaten, Suppen oder Gemüsezubereitungen miteinander kombinieren, aber auch mit Vogelmiere (Seite 135) oder Giersch (Seite 143) und anderen Wildkrautpflanzen nach Belieben, die zudem den etwas bitteren Geschmack deutlich abmildern. Die jungen, noch nicht geöffneten Blütenstände, sauer eingelegt oder als Gemüse zubereitet, gelten als besondere Delikatesse.

April–Mai

Strand-Wegerich

Plantago maritima

Merkmale: Mehrjährige krautige Pflanze, 15–30 cm hoch, alle Blätter grundständig in dichtblättriger Rosette; Blätter schmal-linealisch, nach vorne leicht verschmälert, häufig bogig eingekrümmt, oberseits leicht gefurcht, unterseits gekielt, dickfleischig, meist dunkelgrün und leicht glänzend. Blüten zwittrig, grünlich-bräunlich in gedrungener, walzlicher Ähre auf etwa 10–40 cm hohem Schaft; Staubblätter goldgelb; ✿ Juni–Oktober.

Wo zu finden: Salzwiesen, Deichvorland, Felsspalten in der Spritzwasserzone. Alle Küstengebiete in Europa. Verbreitete Art auf Salztonböden in den Salzwiesen an Atlantik und Nordsee. Gebietsweise ist die Art selten oder nur vereinzelt zu finden. In diesem Fall sollte man aus Naturschutzgründen auf das Sammeln verzichten. In Gegenden mit reicheren Vorkommen immer nur einzelne Blätter von verschiedenen Individuen entnehmen.

Wie verwenden: Die kleineren und mittelgroßen Blätter schmecken aufgrund ihres stark salzhaltigen Standortes ebenfalls betont salzig und eignen sich daher ohne weiteres Würzen als Wildgemüse mit leicht bitterer und etwas nussiger Note. Man bereitet sie nach gründlichem Waschen durch Blanchieren in kochendem Wasser zu. Sie eignen sich besonders als Gemüsebeilage zu Seefisch oder auch zu Pasta. In Norddeutschland verwendet man sie auch wie Grünkohl.

Verwechslung: Ähnlich sehen die Grundblätter des **Strand-Dreizacks** (*Triglochin maritimum*) aus, der am gleichen Standort vorkommt. Er entwickelt jedoch einen viel größeren (meist über 15 cm hohen) Blütenstand und wäre prinzipiell ebenfalls essbar.

Wissenswert: Die Blätter können ihren Salzgehalt durch besondere Blattdrüsen regulieren.

Juni–September

Meersalat

Ulva lactuca

Merkmale: Einjährige, ziemlich dünnhäutige, aber dennoch feste und meist grasgrüne Meeresalge von variablem Umriss, manchmal wellig oder gelappt und faltig, handflächengroß oder größer, mit glatten, oft fetzig zerrissenen Rändern, schillert unter Wasser leicht bläulich.

Wo zu finden: Sehr häufig auf Felsen oder größeren Steinen in der Gezeitenzone oder tiefer, driftet oft auch in Mengen lose umher. In allen Weltmeeren von den gemäßigten Breiten bis in die Tropen, vor allem in der Gezeitenzone. Auch in der westlichen Ostsee.

Wie verwenden: Meersalat wird in vielen Küstengegenden roh, getrocknet oder nach besonderer Zubereitung gegessen, beispielsweise als Salat, in Suppen oder als Gemüsebeilage vor allem zu Fischgerichten oder Meeresfrüchten. In der Bretagne ist getrockneter Meersalat in der Meeresalgenmischung „Salade des pêcheurs" (Fischersalat) enthalten. Eine sehr leckere Zubereitung sind in Olivenöl zusammen mit Cayenne-Pfeffer frittierte Meersalat-Streifchen, die man mit einem Sahnedressing serviert.

Verwechslung: Meersalat ist mit keiner anderen häufigen Meeresgrünalge zu verwechseln. Ähnlich und auch vergleichbar verwendbar sind die meist schmal bandförmigen und an der Basis immer röhrig hohlen **Darmtang**-Arten (z. B. *Ulva compressa* und *Ulva linza*).

Wissenswert: In Japan ist Meersalat Bestandteil eines Aonori genannten Gewürzes von leicht fischartiger Note.

Fachleute fassen den weltweit vorkommenden Meersalat als Gruppe mehrerer Kleinarten auf, die schwer unterscheidbar sind. Massenvorkommen, die ganze Hafenbecken oder Buchten einnehmen, deuten auf eine starke Eutrophierung des betreffenden Küstenabschnitts hin.

März–Oktober

Zuckertang

Laminaria saccharina, Saccharina latissima

Merkmale: Mehrjährige, tangartig derbe Braunalge, dunkel- bis olivbraun, mit langem, ungeteiltem Blatt, an der Basis mit rundlichem, flexiblem Stielabschnitt und stark verzweigter Haftkralle; Blattteil lederig, dicklich, bis über 3 m lang und 30 cm breit, entweder glatt (Helgoland) oder runzlig gefeldert (übrige europäische Atlantikküsten).
Wo zu finden: An atlantischen Felsküsten von der Niedrigwasserlinie bis in 20 m Wassertiefe, von der Arktis bis Nordspanien. In Deutschland nur bei Helgoland sowie – in kleineren Exemplaren – in der westlichen Ostsee.
Wie verwenden: Gekocht verwendet man die jungen und noch zarteren Blattteile als Suppeneinlage oder als Gemüsebeilage zu Fischgerichten oder Meeresfrüchten.
Verwechslung: Nach Größe und Konsistenz kann die Art kaum verwechselt werden. Ähnlich sind **Fingertang** (*Laminaria digitata*) und **Palmentang** (*L. hyperborea*), die beide handförmig längs geschlitzte Blätter aufweisen.
Wissenswert: In der Bretagne und in der Normandie kennt man das traditionelle Gericht „Pain des algues" (Algenbrot). Es wird aus gemahlenem Zuckertang oder seinen beiden nahe Verwandten Finger- sowie Palmentang hergestellt und enthält auch noch andere Algen als Zutaten. In der fernöstlichen Küche heißen die *Laminaria*-Arten „Kombu". Braunalgen sind diätetisch hochwertig: Sie enthalten bis 15 % Protein bei nur 0,5 % Fett neben reichlich Mineralien (Calcium, Magnesium, Jod) und Vitaminen.

April–Juni

Faltiger Hauttang

Porphyra umbilicalis

Merkmale: Folienartig dünne, einschichtige, aber erstaunlich feste Rotalge, feucht purpur- oder braunrot bis schwärzlich oliv oder etwas heller, trocken deutlich dunkler, im Umriss rundlich bis oval, etwa 10–30 cm lang und ebenso breit, am Rande wellig-faltig, zur Mitte hin glatter; nabelartige Anheftungsstelle zentral.

Wo zu finden: Felsen, Steine und sonstige feste Wuchsunterlagen in der oberen Gezeitenzone, häufigste europäische *Porphyra*-Art. Atlantik, Nordsee, westliches Mittelmeer. Kosmopolit.

Wie verwenden: Die Hauttange gehören zu den weltweit am häufigsten verzehrten marinen Rotalgen. Eine besonders lange kulinarische Tradition haben sie in der fernöstlichen Küche, wo mehrere Arten unter dem Sammelnamen „Nori" verwendet werden, unter anderem zum Einrollen von Sushi. Man verwendet sie entweder roh in Salaten oder gekocht als Gemüsebeilage. Alle Zubereitungen schmecken zwar sehr spezifisch ein wenig nach Fisch, sind aber leicht verdaulich und wegen der beachtlichen Protein-, Mineralstoff- und Vitamingehalte diätetisch hochwertig.

Verwechslung: Auch an europäischen Küsten gibt es weitere ähnliche Arten, darunter der immer glatte **Purpur-Hauttang** (*Porphyra purpurea*). Alle Arten sind verwendbar.

Wissenswert: Bei Ebbe trocknet die Alge völlig aus. Nach Wiederbenetzung mit den ersten Spritzern des Flutwassers setzen die Lebensfunktionen wieder schlagartig ein.

Mai–September

Knorpeltang

Chondrus crispus

Merkmale: Formenreiche Rotalge, dunkel- bis braunrot, ziemlich fest und knorpelartig, an der Basis stielartig verschmälert, rundlich bis zusammengedrückt, weiter oben flach und im Umriss breit fächerförmig in einer Ebene ausgebreitet, mehrfach gabelig geteilt, randlich leicht verdickt, an den Enden oft auffällig kraus. Die Zweigenden schimmern unter Wasser auffällig hell- bis stahlblau.

Wo zu finden: Häufig auf Steinen oder Fels. In der unteren Gezeitenzone und tiefer, dort nicht selten bestandsbildend. Atlantik, Nordsee (Helgoland), westliche Ostsee.

Wie verwenden: Die frischen oder getrockneten Exemplare kann man entweder roh in Salaten essen oder als Gemüse zubereiten. Da die Alge gelierfähige, agarähnliche Inhaltsstoffe enthält, die man auch in der Lebensmitteltechnologie als Dickungsmittel einsetzt, kann man sie auch in Kaltschalen oder in Aspik-Zubereitungen verwenden. Sie eignet sich zudem auch in Mischung mit anderen marinen Grün- und Braunalgen als Beilage zu Fischgerichten und Meeresfrüchten.

Verwechslung: Sehr ähnlich sind die Arten der Gattungen *Gigartina* sowie die schwarzpurpurne **Kraussternalge** (*Mastocarpus stellatus*). Man kann sie jedoch auf die gleiche Weise verwenden.

Wissenswert: Früher wurde der Knorpeltang zusammen mit Thymian, Primel, Eibisch und anderen Heilpflanzen in Hustenteemischungen oder anderen Mitteln gegen Bronchitis oder Katarrhe der Atemwege verwendet.

Mai–September

Palmblatttang

Palmaria palmata

Merkmale: Auffällige, kräftige Rotalge von stark variabler Form, bis 50 cm lang, mit flachen, blättrigen, finger- bis handlangen Abschnitten, diese 3–7 cm breit, unregelmäßig lappig-fingerförmig geteilt, Enden immer abgerundet, nicht betont schlank oder spitz zulaufend, ohne oder nur mit kurzem Stiel, dunkel purpurrot bis bräunlichrot, etwas lederig, fühlt sich frisch sehr glatt, aber nicht schleimig an.

Wo zu finden: Ganzjährig häufig auf Steinen und Felsen in der unteren Gezeitenzone. Nördlicher Atlantik von Spitzbergen bis Portugal (Azoren). Fehlt in der südlichen Nordsee, in der Ostsee und im Mittelmeer.

Wie verwenden: Schmeckt nach Trocknung und Zubereitung sehr angenehm und ist trotz der etwas lederig-festen Blattteile leicht verdaulich. Die frisch gesammelten Algen spült man in Süßwasser gründlich ab (nur aufwuchsfreie Teile verwenden) und kocht sie in Wasser weich. Nach dem Abgießen versetzt man sie mit etwas Butter oder Olivenöl, schwenkt sie kurz um, schmeckt mit Pfeffer und etwas Salz ab und serviert heiß. Sie eignen sich vorzüglich als Gemüsebeilage zu Kartoffel- und Fischgerichten.

Verwechslung: Die Art ist an europäischen Küsten unverwechselbar.

Wissenswert: Schon seit den Wikingerzeiten wird diese an den nordwestlichen Küsten Europas sehr häufige Art in Island, Schottland, Irland und in der Bretagne aus der Natur gesammelt und gegessen. Alle Teile sind bemerkenswert protein- und vitaminreich.

Mai–September

Buchtipps

Boss-Teichmann, Claudia: Bärlauch. Vielseitig, köstlich, gesund. Verlag Eugen Ulmer, Stuttgart 2015

Bühring, Ursel: Alles über Heilpflanzen. Erkennen, anwenden, gesund bleiben. Verlag Eugen Ulmer, Stuttgart 2019

Bühring, Ursel: Blütenküche. Essbare Schönheiten sammeln und genießen. Verlag Eugen Ulmer, Stuttgart 2021

Burckhardt, Coco: Alles aus Wildpflanzen: Kochen und konservieren, heilen und vorbeugen, waschen und färben, räuchern und zaubern. Verlag Eugen Ulmer, Stuttgart 2015

Düll, R., Kutzelnigg, H.: Die Wild- und Nutzpflanzen Deutschlands. Vorkommen – Ökologie – Verwendung. Quelle & Meyer, Wiebelsheim 2022

Greiner, Karin: Meine Wildpflanzen-Apotheke. 120 heilende Rezepte rund ums Jahr. Verlag Eugen Ulmer, Stuttgart 2020

Hecker, Katrin und Frank: Blumen. Entdecken, kennen lernen, erforschen. Naturführer für Kinder. Verlag Eugen Ulmer, Stuttgart 2014

Kremer, Bruno P.: Gefährliche Schönheiten. Giftpflanzen im Garten. Heimische Arten, die man kennen sollte. Haupt, Bern 2022

Kremer, Bruno P.: Steinbachs Naturführer Blumen. Verlag Eugen Ulmer, Stuttgart 2022

Kremer, Bruno P.: Steinbachs Naturführer Bäume und Sträucher. Verlag Eugen Ulmer, Stuttgart 2022

Nowack, Rainer: Notfallhandbuch Giftpflanzen. Ein Bestimmungsbuch für Ärzte und Apotheker. Springer-Verlag, Heidelberg 1998

Parolly, Gerald und Rohwer, Jens G. (Hrsg.): Schmeil-Fitschen, Die Flora Deutschlands und angrenzender Länder. 97. Aufl., Quelle & Meyer, Wiebelsheim 2019

Recht, Christine und Wetterwald, Max-Felix: Ernte am Wegrand. Wildkräuter, Früchte und Beeren. Verlag Eugen Ulmer, Stuttgart 2017

Schneider, Christine: Wildkräuter finden – Der Blitzkurs für Einsteiger. Verlag Eugen Ulmer, Stuttgart 2022

Giftnotruf

Die meisten Städte haben Giftnotrufe, die unter **Telefon 1 92 40** Tag und Nacht erreichbar sind (immer mit Stadt-Vorwahl). Zusätzlich gibt es fast in jedem Klinikum einen Giftnotruf. Diese Nummern stehen im Telefonbuch auf den ersten Seiten. Bei den ersten Anzeichen einer Vergiftung muss sofort ein Arzt zu Rate gezogen werden!

Register

Bildquellen

Die Fotos stammen von Frank Hecker, außer den folgenden:
blickwinkel/M. Kuehn: Umschlagfoto vorn
blickwinkel/W. Layer: S. 67 rechts
blickwinkel/K. Wothe: S. 90
blickwinkel/A. Held: S. 133 kleines Bild links, S. 180
Michael Albers/Frank Hecker: S. 27
Dr. Rudolf König/Frank Hecker: S. 56, 62, 81, 84 links, 94, 106 rechts, 118, 119, 128 links, 129 links, 150, 153, 155, 174, 177, 183, 184
Michael Hassler/Frank Hecker: S. 23, 106 links
F. Sauer/Frank Hecker: S. 45, 48, 54, 60, 85, 88, 133 kleines Bild rechts, 181, 182, 185
Schönfelder/Frank Hecker: S. 80
Hans E. Laux: S. 18, 30, 33, 34, 52 rechts, 57, 75, 76, 82, 98, 101, 105, 120, 137, 148, 154, 158, 163
Roland Spohn: S. 16, 17, 25, 29, 40, 41, 51, 52 links, 53, 73(2), 89, 97,
110 rechts, 129 rechts, 141(2), 144(2), 152, 157, 167, 169, 173(2), 176
Die Icons stammen von Stefan Dehmel.
Die Pflanzenzeichnungen auf der vorderen inneren Klappe stammen von Paschalis Dougalis.

Bibliografische Information der Deutschen Nationalbibliothek
Die Deutsche Nationalbibliothek verzeichnet diese Publikation in der Deutschen Nationalbibliografie; detaillierte bibliografische Daten sind im Internet über http://dnb.d-nb.de abrufbar.

Wollgrasweg 41, 70599 Stuttgart (Hohenheim)
E-Mail: info@ulmer.de
Internet: www.ulmer.de
Umschlagentwurf: siegel konzeption | gestaltung, Stuttgart
Lektorat: Christine Schneider, Ina Vetter
Herstellung: Silke Reuter, Katharina Merz
Satz: r&p digitale medien, Echterdingen
Reproduktion: time:ray, Jettingen
Druck und Bindung: Livonia Print, Riga
Printed in Latvia

ISBN 978-3-8186-1766-0

Hier können Sie weiterlesen:

Alles aus Wildpflanzen.
Kochen und konservieren,
heilen und vorbeugen,
waschen und färben,
räuchern und zaubern.
Coco Burckhardt.
2., erw. und akt. Auflage 2015.
310 Seiten, 241 Zeichnungen,
33 Farbfotos, 5 Tabellen, geb.
ISBN 978-3-8001-1266-1.

Aus unseren Wildpflanzen lässt sich alles machen, was Sie brauchen: von der Vorspeise bis zum Dessert, vom Hustensaft, Tee und Salben bis zum Schlafmittel für die Wechseljahre, vom Kerzendocht bis zur Tinte. Seit über 20 Jahren sammelt und erprobt die Autorin alte und neue Verwendungsweisen und stellt sie in diesem Werk vor. Zu über 100 Kräutern, Sträuchern und Bäumen gibt sie Informationen wie Erntezeitpunkt und Verwechslungsmöglichkeiten. Dabei kommt spannendes Wissen über Pflanzennamen oder alte Bräuche nicht zu kurz.